TECHNIQUE

DE

CHIMIE PHYSIOLOGIQUE

ET

PATHOLOGIQUE

Bruxelles. — F. Hayez, imprimeur de l'Académie royale de Belgique,
Rue de Louvain, 112.

TECHNIQUE

DE

CHIMIE PHYSIOLOGIQUE

ET

PATHOLOGIQUE

PAR

M. le Dr A. SLOSSE

Adjoint à l'Institut Solvay
Chargé de cours à l'Institut de physiologie de l'Université libre de Bruxelles

AVEC UNE PRÉFACE

DE

M. le Dr HEGER

Professeur de physiologie à l'Université libre de Bruxelles

BRUXELLES

H. LAMERTIN, LIBRAIRE-ÉDITEUR

Rue du Marché au Bois, 20

1896

PRÉFACE

Il existe de nombreux traités de chimie physiologique. Indépendamment des grands ouvrages classiques de Schutzenberger, de Hoppe-Seyler, de Gautier, de Gamgee, qui sont entre les mains de tous ceux qui enseignent, ces dernières années ont vu paraître des publications plus restreintes, s'adressant particulièrement aux élèves et résumant avec précision les données scientifiques récentes.

Si M. le docteur Slosse, en éditant ce Manuel, s'était proposé un but analogue à celui de ses devanciers, il aurait pu se dispenser d'écrire et il se serait borné, sans doute, à recommander à ses élèves un des bons livres récemment publiés, par exemple les *Éléments de chimie physiologique* de MM. Mosselman et Hébrant.

Mais son point de vue a été plus spécial : il veut être uniquement didactique ; il s'adresse à l'étudiant en médecine qui, entrant au laboratoire, se trouve paralysé par son inexpérience et s'oriente difficilement dans la technique des opérations chimiques élémentaires.

Tous ceux qui s'intéressent à l'enseignement de la médecine ont pu se rendre compte de la difficulté que comporte l'organisation des cours pratiques. Et pourtant, depuis vingt ans, l'enseignement des sciences médicales s'est à tel point modifié, qu'il ne peut plus se limiter aux cours parlés ; la transformation est radicale : que les exercices pratiques fonctionnent comme un complément de l'enseignement oral ou qu'ils constituent en eux-mêmes des cours distincts, ils doivent être largement organisés dans toutes les écoles de médecine.

Pour qui s'est préoccupé de suivre cette transformation, il est clair qu'elle s'accentue de jour en jour et qu'elle s'impose comme une nécessité. D'ailleurs, elle n'est qu'un symptôme de l'état général des esprits : nous croyons de moins en moins, et nous voulons juger par nous-mêmes. L'argument d'autorité, si puissant autrefois, est trouvé faible aujourd'hui ; la preuve est exigée ; bien plus, l'élève ne se contente pas d'une démonstration faite devant lui, il désire y procéder lui-même, il demande à entrer au laboratoire.

Cette tendance est louable ; elle doit être encouragée et nous devons nous efforcer, dans notre enseignement, de multiplier les contacts avec la nature, de stimuler chez les élèves le développement des facultés d'observation, trop souvent négligées dans l'enseignement moyen. Dans cette conception moderne de la pédagogie, le cours le plus parfait serait certainement celui dans lequel le professeur s'efface autant que possible et où l'élève, guidé par les conseils du maître, arrive à voir de ses yeux les phénomènes tels qu'ils sont.

Nous sommes loin d'avoir réalisé cet idéal, mais il n'en est pas moins vrai que l'extension toute récente de la méthode expérimentale a créé pour tous ceux qui enseignent de nouveaux devoirs et pour tous ceux qui étudient, de nouveaux besoins.

Il faut aujourd'hui, dans les écoles de médecine, de grands laboratoires destinés non plus seulement aux professeurs, mais aux élèves ; ceux-ci doivent trouver occasion de travailler par séries sans se gêner mutuellement ; ils doivent aussi pouvoir se grouper et s'initier aux procédés de recherches ; il faut qu'ils aient accès dans les laboratoires comme ils étaient autrefois admis dans les bibliothèques pour y puiser avec sûreté des renseignements relatifs à leurs études.

Cette organisation nouvelle a été partiellement réalisée à l'Université libre de Bruxelles, grâce à l'intelligente initiative de M. Ernest Solvay. M. le docteur Slosse s'est efforcé de répondre à ses vues en ce qui concerne la chimie physiologique ; il a organisé des exercices pratiques que les élèves en médecine suivent librement. C'est pour leur éviter toute perte de temps, pour abréger les tâtonnements du début, qu'il a songé à condenser dans ce Manuel les enseignements techniques indispensables aux recherches de laboratoire.

En attendant qu'il lise les traités de chimie plus étendus dont j'ai parlé tout à l'heure, l'étudiant en médecine trouvera dans ce Manuel la ligne directrice ou le schéma de ses premiers travaux pratiques. L'enseignement oral, toujours supérieur au livre parce qu'il est vivant et direct, devra compléter ce schéma, entrer dans le détail. Au surplus, M. Slosse s'est limité à rendre compte des procédés qu'il a choisis et des méthodes qu'il a préférées. Il s'est dispensé de les exposer toutes, car le livre n'a pas été son but, et c'est toujours l'exercice pratique qu'il a eu en vue, même en écrivant.

Attaché depuis plusieurs années à l'Institut Solvay, **M.** le docteur Slosse a pu contrôler par lui-même les procédés techniques dont il fait l'exposé; c'est à nos étudiants que son livre s'adresse; j'espère qu'il leur sera utile et que leur formation médicale en retirera de sérieux avantages.

Bruxelles, le 20 novembre 1895.

Dr Paul Heger.

TABLE DES MATIÈRES.

TECHNIQUE

DE

CHIMIE PHYSIOLOGIQUE.

CHAPITRE PREMIER.

GÉNÉRALITÉS.

On distingue dans l'analyse chimique, l'analyse *qualitative* et l'analyse *quantitative*.

La première nous renseigne sur la *nature* des corps; la seconde a pour but d'en déterminer la *quantité*.

En règle générale, il est d'abord nécessaire d'extraire les corps des milieux complexes qui les renferment, de les préparer en un état de pureté suffisant, afin de pouvoir en déterminer les propriétés et afin de pouvoir les doser, c'est-à-dire en déterminer la *quantité*.

DE LA TECHNIQUE.

§ 1. — Opérations générales.

L'extraction et la préparation des corps à l'état de pureté exigent la connaissance de certaines opérations générales de la chimie, dont nous passerons les principales en revue. Opérations générales.

Ce sont la décantation, la colature, la filtration, l'évaporation, la dessiccation, la calcination.

La décantation, la colature, la filtration sont trois moyens du même ordre : ils ont pour but de séparer les particules solides tenues en suspension dans un liquide.

Décantation. *Décanter*, c'est séparer par le repos les particules solides tenues en suspension dans un liquide; les particules solides gagnent le fond du vase tandis que les couches supérieures s'éclaircissent. Lorsque les particules solides se sont agglomérées au fond du vase et ne troublent plus le liquide, on verse prudemment et sans secouer la couche limpide dans un autre récipient.

On peut aussi recueillir la liqueur au moyen de la pipette à boule : on aspire doucement, sans trop approcher du précipité le bec de la pipette. Ce procédé a l'inconvénient de produire dans le liquide des tourbillons qui entraînent mécaniquement les parties les plus ténues du précipité.

On emploie la décantation quand les matières solides sont en fragments suffisamment grands, et aussi lorsqu'il s'agit de séparer un précipité très fin (le sulfate de baryte). Ordinairement on associe la filtration et la décantation.

Colature. La *colature* est la séparation grossière de masses solides et de liquides. On la réalise soit à l'aide d'un tamis fin, soit à l'aide de toile fine ou d'étamine que l'on fixe aux quatre angles d'un cadre de bois léger. Le poids du liquide creuse dans l'étoffe une sorte de pochette dans laquelle les matières solides sont retenues.

La colature ne donne que des liquides troubles qu'il faut éclaircir par filtration.

La *filtration* se fait généralement au moyen de papier. Celui-ci doit retenir complètement les particules solides, renfermer le moins possible de substances minérales et enfin ne point opposer trop de résistance au passage du liquide, c'est-à-dire filtrer promptement. Ce sont là les qualités principales d'un bon papier à filtrer. Filtration.

On filtre dans des cas exceptionnels sur laine de verre ou sur asbeste, mais la filtration sur papier est de beaucoup la plus importante.

On se sert soit de filtres plats, soit de filtres à plis. L'usage des premiers est limité aux cas où il s'agit de récolter les corps retenus; en dehors de ces cas, on a généralement recours aux filtres à plis; ils présentent l'avantage de la rapidité.

La filtration est soumise à certaines règles dont il est bon de ne point se départir.

1. Le filtre ne peut jamais dépasser les bords de l'entonnoir; s'il s'agit d'un filtre plat, la partie filtrante doit s'appliquer bien exactement sur le cône de l'entonnoir.

2. Avant de commencer la filtration, le filtre doit être mouillé, c'est-à-dire recevoir quelques gouttes du véhicule qui tient en suspension le précipité, et qu'on laisse égoutter.

3. S'il s'agit de précipités suffisamment gros, floconneux, la filtration s'opère facilement; mais si le précipité est très fin, comme l'est le sulfate de baryum, il convient de laisser d'abord décanter et de ne jeter le précipité sur le filtre qu'après le passage de la plus grande partie du liquide. Il faut nécessairement entraîner sur le filtre la totalité des précipités,

y compris les particules adhérentes au verre. On les détache mécaniquement, soit par un jet de pissette, soit au moyen d'une baguette de verre coiffée de caoutchouc.

4. Il faut avoir soin de verser le liquide à filtrer, non point au centre du filtre, ce qui peut en produire la déchirure, mais sur l'un des côtés et le long d'une baguette de verre.

5. Le lavage des précipités se fait à l'aide de la pissette; il doit être continué jusqu'au moment où le liquide filtrant n'entraîne plus de matière. On s'assure facilement qu'il en est ainsi, en recueillant sur une lame de platine une goutte et en s'assurant que l'évaporation ne laisse aucun résidu.

La filtration est une opération parfois fastidieuse, mais elle a une importance telle, qu'il est légitime d'insister sur les principales précautions à prendre. Parfois aussi la nature chimique des liquides entrave par elle-même le passage du liquide : tel est le cas pour les solutions albumineuses; on peut, dans certains cas, s'aider alors de la *filtration avec succion*.

La rupture des filtres est l'inconvénient principal de cette méthode. On se sert soit de filtres spéciaux résistants, que le commerce livre tout préparés, soit d'une plaque de porcelaine perforée de nombreux trous. Cette plaque se place dans l'entonnoir; on la recouvre de deux rondelles de papier à filtrer ordinaire, de dimensions différentes. La première rondelle, la plus petite, s'applique exactement sur la plaque de porcelaine; la seconde déborde de $^1/_2$ centimètre environ de toutes parts. La partie de cette rondelle qui déborde forme une sorte de godet qui s'applique exactement sur la paroi de l'entonnoir à l'aide d'une baguette de verre.

Les moyens de succion sont variés; actuellement on se sert surtout de trompes qui permettent d'apprécier le degré d'aspiration.

Calcination. — Calciner, c'est détruire par l'action de la chaleur la partie organique des corps, en ne laissant comme résidu que les parties inorganiques. Calcination.

En général, on calcine les substances desséchées et encore sur le filtre; il s'ensuit que le filtre doit être par lui-même exempt de résidu, ou du moins ne laisser qu'un résidu connu; que la calcination doit être poussée suffisamment loin pour que le filtre soit complètement brûlé; il faut en outre que la substance soit bien desséchée, sinon l'élévation brusque de température peut produire un dégagement tumultueux de vapeur d'eau qui entraîne des particules légères et amener, par conséquent, des pertes de substance.

Pour calciner, on place la substance et le filtre desséchés dans un creuset en porcelaine ou en platine, selon les cas, que l'on incline sur un triangle en terre de pipe. On chauffe prudemment d'abord; puis, quand la combustion est suffisamment avancée, on chauffe plus vivement. Lorsque la calcination est terminée, on transporte, à l'aide de pinces, le creuset dans un dessiccateur; on le laisse refroidir.

Dessiccation. — On entend par là l'élimination de l'eau mécaniquement entraînée lors de la précipitation, ou bien retenue mécaniquement entre les cristaux lors de la cristallisation. Dessiccation.

Les moyens qui permettent d'éliminer cette humidité sont très variés et il convient d'en faire un choix judicieux, selon la nature et les propriétés des corps qu'il s'agit de dessécher.

On peut, après avoir broyé les cristaux dans un mortier, étendre la poudre fine entre plusieurs doubles de papier à filtrer et presser le tout; puis renouveler le papier après vingt-quatre heures. Tel est le cas pour le sulfate de cuivre.

Parfois il convient, pour les corps qui ne s'altèrent pas dans l'air sec, mais à la chaleur, de les placer dans un espace fermé dont l'air est desséché par de l'acide sulfurique ou du chlorure de chaux. On donne à ces appareils le nom de dessiccateurs. C'est une sorte de boîte en verre à parois épaisses et munie d'un couvercle rodé. On enduit de suif les surfaces de jonction de la boîte et du couvercle. Dans l'intérieur, un ajutage en laiton ou en verre sert de support au récipient contenant la substance; dans le fond de la boîte, on place l'agent dessiccateur : acide sulfurique, chlorure de chaux.

On laisse les corps dans cette atmosphère sèche jusqu'à ce que leur poids ne change plus.

Pour les substances qui perdent leur eau à 100° sans altération, on se sert plutôt de bains d'air.

C'est une boîte de cuivre, munie d'une porte à charnières et percée d'un trou livrant passage au thermomètre. On chauffe l'appareil à l'aide d'un bec de gaz que l'on règle facilement.

On met généralement les substances à dessécher dans un verre de montre ou dans des flacons spéciaux : flacons à peser. On maintient la substance pendant plusieurs heures à haute température jusqu'au moment où le poids de la substance ne change plus.

Évaporation. *L'évaporation* consiste à chasser d'une solution l'excès du dissolvant; elle détermine dans ce cas une concentration croissante du corps tenu en dissolution. Elle peut aussi servir à séparer l'un de l'autre deux dissolvants d'une inégale volatilité (eau et alcool). Cette opération a toujours pour but l'isolement et la récolte de la partie la moins volatile de la dissolution.

Il n'est guère de manipulation chimique ni d'extraction de corps dans laquelle il ne faille avoir recours à cette opération.

On peut, lorsqu'il s'agit d'un liquide volatil (l'éther sulfurique, par exemple), abandonner la solution à l'air.

On peut aussi évaporer directement, c'est-à-dire à feu nu ; on place, dans ce cas, le récipient au-dessus d'une flamme de Bunsen, de telle façon que le liquide ne puisse entrer en ébullition ; on interpose en général entre la flamme et le récipient une toile métallique qui disperse beaucoup plus également la chaleur.

Mais en général, on se sert du *bain-marie.*

Il faut, autant que possible, empêcher la chute de matières étrangères dans la solution soumise à l'évaporation. On se met bien à l'abri de cet inconvénient en évaporant dans une salle spéciale ou sous une hotte réservée à cet usage. Si l'on ne peut disposer de l'un ou l'autre de ces moyens, on se met assez bien à l'abri de la poussière en recouvrant la capsule d'un papier à filtrer bien propre.

L'évaporation doit être surveillée de près : s'il s'agit de solutions qui grimpent facilement le long des parois du récipient, il faut, d'une façon à peu près continue, rincer les croûtes qui tendent à se former sur les parois du vase à l'aide de la solution qui est soumise à l'évaporation. On réalise facilement ce desideratum par l'agitation du liquide à l'aide d'une baguette de verre. Il faut éviter, s'il s'agit d'un liquide volatil, l'ébullition de la solution ; elle entraîne facilement la projection de gouttelettes liquides et par conséquent des pertes de substance.

§ 2. — De la pesée.

Nous n'indiquerons pas dans ce chapitre les qualités d'une bonne balance. Les traités de physique générale fournissent à ce sujet des renseignements suffisants; nous nous bornerons à quelques indications pratiques sur l'emplacement de la balance et sur les caractères d'une bonne pesée.

Emplacement de la balance.

Emplacement de la balance. — La balance, protégée par une cage de verre, sera tenue à l'abri des variations de température, de l'humidité et surtout des vapeurs acides. Ce n'est donc pas dans le laboratoire même que l'on placera l'instrument, mais dans une chambre spéciale.

Les poids, généralement réunis dans une boîte fermée, seront aussi conservés à l'abri de la poussière et de l'humidité et maniés au moyen de pinces, de crainte que le contact de la main ne les graisse ou ne les souille.

La boîte contient ordinairement les poids suivants :

1 poids de 50 gr.; 1 de 20 gr.; 2 de 10 gr.;
1 — de 5 gr.; 1 de 2 gr.; 2 de 1 gr.

Les divisions des grammes sont représentées par :

1 poids de 0gr.5; 2 de 0gr.2; 2 de 0gr.1;
1 — de 0gr.05; 2 de 0gr.02; 2 de 0gr.01;
1 — de 0gr.005; 2 de 0gr.002; 2 de 0gr.001.

Dans certaines balances, les valeurs inférieures au centigramme se déterminent à l'aide d'un cavalier mobile sur le fléau.

Règles à suivre dans la pesée. — 1° On ne pèsera jamais (à moins qu'il ne s'agisse d'un métal) en plaçant directement la substance que l'on pèse sur le plateau de la balance. Il faut avoir soin de mettre la substance dans un récipient approprié à son état : verre de montre double, vase à peser, si elle est solide ; flacons bouchés à l'émeri, si elle est liquide ou volatile.

2° On procède généralement au tarage du récipient, puis, ce poids établi, on introduit la substance à peser.

Parfois, c'est l'inverse : on pèse en bloc le vase et la substance, puis on lave ou dessèche le récipient et on le tare. Parfois encore on établit, une fois pour toutes, la tare des récipients et l'on pèse simplement. La différence des deux pesées exprime le poids de la substance.

On ne protège jamais le plateau de la balance à l'aide de papier ; il absorbe l'humidité de l'air, change par conséquent de poids et expose à de graves erreurs.

3° On met toujours la balance au repos avant d'ajouter ou d'enlever des poids, ou bien avant d'enlever ou d'ajouter de la substance à peser.

4° On ne pèse jamais un corps chaud ; il condense à sa surface de la vapeur d'eau qui modifie le poids ; de plus, il échauffe l'air ambiant et produit ainsi un léger mouvement de l'air qui peut modifier la situation des plateaux de la balance.

5° Enfin, on ne se sert pas de tel ou tel poids pris au hasard, mais on suit une marche méthodique allant du poids le plus fort vers le poids le plus faible. Cette méthode permet de se rapprocher de plus en plus de la limite exacte de l'équivalence ; elle est plus rapide que n'importe quelle autre et met mieux à l'abri de l'erreur.

On note le poids en faisant la somme des poids qui se

trouvent sur le plateau de la balance, et on contrôle par l'examen des poids manquant dans la boîte à ce moment.

Du poids ainsi trouvé, nous retranchons le poids du récipient : la différence représente le poids de la substance.

§ 3. — L'ANALYSE VOLUMÉTRIQUE.

On donne le nom d'analyse volumétrique à une méthode spéciale d'analyse qui, par sa rapidité et la simplicité de son principe, rend chaque jour de nombreux services.

Les analyses quantitatives ordinaires ont pour base la *pesée de la substance*, précédée des opérations nombreuses, compliquées et longues que nécessite la préparation du corps.

L'analyse volumétrique substitue la lecture d'un volume à la pesée, sans qu'il soit nécessaire de tenter l'extraction de la substance à analyser. Elle consiste toujours à saturer la substance soumise à l'analyse, à l'aide d'un réactif, jusqu'au moment où la saturation est complète. Ce moment est indiqué tantôt par la formation d'un précipité qui sert d'indicateur, tantôt par la cessation dans la production du précipité, le plus généralement par un changement de coloration que détermine sur une substance spéciale, inerte et passive, l'excès du réactif.

La composition des liqueurs titrées nous montre que cette méthode n'est, comme le dit Mohr, qu'une pesée; mais au lieu de peser à l'aide de la balance et des poids, on pèse à l'aide d'une solution ayant une force chimique connue et déterminée une fois pour toutes par la pesée.

Exemple : Une solution de chlorure de sodium précipite par le nitrate d'argent à l'état de chlorure d'argent. Le titre de la solution argentique est établi par calcul et par vérification de telle façon que 1 c. c. de la solution précipite exactement 0.00585 de NaCl. Du nombre de centimètres cubes de solution argentique qu'il a fallu employer pour précipiter tout le NaCl, on déduira facilement la quantité de ce sel contenue dans le liquide analysé.

1. Les moyens de mesure.

L'utilisation de cette méthode implique la connaissance des moyens de mesure des volumes.

On ne mesure, en chimie, les volumes que pour les gaz et les liquides. On emploie pour mesurer les liquides différents instruments : ballons jaugés, burettes graduées, pipettes, cylindres gradués, etc., qu'il importe de bien connaître.

Parmi ces instruments, les uns ne permettent la mesure que pour un volume déterminé, sans qu'il soit possible de mesurer une fraction de ce volume ; tels sont : les ballons jaugés et les pipettes graduées.

Les *ballons jaugés* sont des ballons dont la capacité est exactement déterminée pour une quantité donnée. Il en est de différentes capacités : de 100, de 200, de 500 et de 1000 c. c. Ils doivent être en verre bien recuit et également épais partout. Le col, muni d'un trait de jauge, est généralement long et effilé, ce qui, en diminuant la surface du ménisque, permet une plus grande exactitude de lecture. **Ballons jaugés.**

Pour faire la lecture, il ne suffit pas de remplir le ballon, de le déposer sur une table et de voir si la convexité du ménisque correspond exactement avec le trait de jauge ; les tables sont rarement horizontales et ce procédé peut donner des erreurs assez considérables. On prend le ballon entre deux doigts et on le laisse pendre suivant la verticale ; l'élevant alors doucement au niveau du rayon de visée, on fait une lecture bien exacte.

Pipettes. Les *pipettes* sont des tubes de verre portant vers la moitié de leur longueur une dilatation de forme variable. Le bout supérieur est généralement rodé, tandis que l'extrémité inférieure se termine en pointe effilée. Les pipettes portent soit un trait de jauge annulaire à la partie supérieure, soit deux traits, l'un supérieur, l'autre inférieur.

Pour se servir de la pipette, on plonge l'extrémité inférieure dans le liquide que l'on veut récolter, puis on aspire lentement par l'autre bout, jusqu'à ce que le liquide dépasse le trait de jauge. A ce moment, on place l'index humide sur l'orifice supérieur, puis on laisse pendre la pipette de façon que l'anneau de jauge n'apparaisse plus que comme un trait horizontal ; en diminuant alors légèrement la pression du doigt sur l'extrémité supérieure, on permet l'écoulement de quelques gouttes de liquide. On continue ainsi jusqu'au moment où le sommet du ménisque affleure exactement le trait de jauge. On augmente alors la pression du doigt afin d'interrompre l'écoulement du liquide, puis on enlève soigneusement le liquide adhérent à la surface extérieure ; cela fait, on soulève le doigt et le contenu de la pipette s'écoule. La quantité de liquide qui s'écoule ainsi peut varier, même en se servant toujours de la même pipette : aussi est-il recommandable de procéder toujours de la même façon : on applique la pointe de la pipette contre la paroi du vase et on laisse l'écoulement se faire librement. Quand il est terminé, on constate qu'il reste encore une goutte qui adhère fortement au verre; il suffit pour l'expulser de souffler légèrement sur l'extrémité supérieure de la pipette.

Ces recommandations ne s'appliquent, bien entendu, qu'à la pipette à un seul index. Si l'on emploie la pipette à deux index, on procède différemment. On maintient le doigt sur l'orifice supérieur de l'instrument et on laisse le liquide s'écouler jusqu'au moment où le ménisque affleure exactement au trait indicateur inférieur. On augmente alors de nouveau la pression du doigt et on retire l'instrument.

Les pipettes s'emploient principalement quand il s'agit de mesurer de petites quantités de liquides, telles qu'on les emploie pour procéder aux dosages volumétriques, ou bien pour faire des liqueurs de plus en plus diluées en partant d'un liquide titré plus concentré.

Burettes. — Tandis que les ballons jaugés et les pipettes ont une graduation unique et ne peuvent servir que pour des quantités fixes, pour lesquelles ils ont été jaugés, les burettes possèdent une échelle de mesure et peuvent servir à mesurer n'importe quelle quantité de liquide. Burettes.

Ce sont des tubes en verre, longs de 50 centimètres environ et divisés en trente ou bien en cinquante subdivisions. Le centimètre cube est indiqué par un trait plus long en regard duquel se trouve le chiffre correspondant.

Chacune de ces divisions est subdivisée et des traits plus fins et moins longs indiquent le $^1/_5$ ou le $^1/_{10}$ du centimètre cube. La lecture se fait de haut en bas. L'extrémité supérieure de la burette est munie d'un petit chapeau de verre qui protège le liquide contre la pénétration des poussières; l'extrémité inférieure appointie et fortement rétrécie porte un petit renflement. La burette se termine alors par un tube de verre mince, étiré en pointe très longue. Cette partie est réunie à l'extrémité inférieure de la burette par un bout de caoutchouc d'une longueur de 3 centimètres au maximum et solidement fixé par ses deux extrémités, sur la burette d'une part et sur la pointe d'autre part. La partie libre de caoutchouc ne doit pas dépasser 15 à 20 millimètres et sert à placer la pince à pression ou pince de Mohr, qui ferme l'appareil.

Le remplissage de la burette est une opération très délicate. Frésénius recommande d'immerger la pointe dans le liquide, d'aspirer par l'extrémité supérieure jusqu'au moment où le liquide a pénétré dans la portion élargie de la burette, puis de fermer la pince et de verser le reste du liquide par l'extrémité supérieure de l'instrument. Ce procédé permet de remplir la burette sans interposition de bulles d'air dans la partie rétrécie. On peut aussi remplir la burette directement par le haut, puis ouvrir largement la pince et laisser le liquide s'écouler en un jet fort qui entraîne les bulles ; s'il restait de petites bulles adhérentes, il suffirait de pincer à petits coups brusques le tube de caoutchouc pour les expulser.

Dès qu'elle est remplie, on place la burette dans un support et elle est alors prête pour l'usage. On a préconisé divers modèles de supports : tous présentent des avantages et des inconvénients; chacun choisira le modèle qui répond le mieux à son désir; l'unique condition dont il faut se préoccuper, c'est la verticalité rigoureuse de la burette.

La lecture du niveau du liquide dans une burette nécessite une certaine habitude. Les liquides forment dans la burette des ménisques à convexité inférieure. On peut lire le niveau en plaçant la burette dans un endroit bien éclairé et en prenant comme point de repère l'affleurement du sommet du ménisque avec le trait ou ses subdivisions.

On a aussi préconisé l'emploi d'un flotteur bien équilibré, lequel, plongeant dans le liquide contenu dans la burette, porte un trait indicateur dont la coïncidence avec les divisions de la burette servira de point de repère. Le flotteur sera approprié à la largeur de la burette et flottera librement, sans adhérer nulle part à la paroi ; il sera bien vertical, c'est-à-dire que son axe suivra bien exactement la direction de l'axe de la burette à laquelle il est destiné ; s'il n'en est pas ainsi, il est impossible d'amener les deux traits à coïncider rigoureusement [1].

Cylindres gradués.

Les *cylindres gradués* sont des tubes de verre plus larges que les précédents ; ils sont munis d'une graduation en centimètres cubes.

Les uns sont ouverts et munis d'un bec, les autres bouchés à l'émeri. Ces instruments présentent tous le même inconvénient : la largeur du ménisque et la difficulté de faire bien exactement coïncider le sommet du ménisque avec le trait de graduation. Ils sont cependant d'un usage très fréquent et suffisent pour des mesures qui ne doivent pas avoir une grande rigueur.

---

(1) Il nous reste à examiner le calibrage de la burette : il est bon, en effet, de s'assurer par soi-même de la valeur de l'instrument que l'on a entre les mains. Pour le faire, on procède de la façon suivante : la burette étant bien remplie d'eau distillée à 17°05 C., on en recueille 10 c. c. que l'on pèse soigneusement. Ces 10 c. c. doivent peser 10 grammes. On peut, à l'aide de ces instruments, arriver à une précision considérable. L'erreur, dans certains cas, reste inférieure à 0gr.002.

2. Solutions titrées.

On donne le nom de *solution titrée* à une solution ayant une force chimique connue. On appelle *titre* ou *force chimique* la teneur de la solution en substance dissoute.

Les solutions titrées sont d'une importance capitale; aussi faut-il apporter la plus grande minutie dans leur préparation et dans leur conservation.

1° On établit une formule empirique.

2° On donne une concentration telle qu'elle exprime en un nombre rond son équivalence; qu'un volume de 1 c. c. = 10 milligrammes de NaCl ou bien 5 milligrammes de sucre ou de phosphate.

3° On établit une solution normale.

1) On réserve généralement la formule empirique pour les liquides qui ne supportent pas la conservation; dans ce cas, à chaque essai on établit le titre de la solution. Exemple : solution d'iode iodurée.

2) On emploie fréquemment les liqueurs qui expriment en chiffres ronds la quantité de substance qu'elles précipitent. L'emploi de ces liqueurs a l'avantage de simplifier les calculs; aussi est-ce à cette méthode que l'on a le plus souvent recours. (Solution titrée d'argent, d'acétate d'urane, de nitrate mercurique, etc.)

Solution titrée de nitrate d'argent. — On pèse une quantité quelconque de sel tel que le livre le commerce, soit 17gr,9425.

Le calcul renseigne que pour que 1 c. c. de solution soit équivalent à 10 milligrammes de NaCl, la solution doit renfermer 29gr.075. Le calcul suivant déterminera la quantité d'eau nécessaire pour dissoudre cette quantité de sel :

$$\frac{17.9425 \times 1000}{29.075} = 617.11.$$

On dissout le sel dans une quantité moindre d'eau, puis on rince le récipient à plusieurs reprises et l'on ajoute de l'eau pour obtenir exactement le volume que le calcul a déterminé.

3) Il existe pour chaque corps un nombre déterminé qui représente la quantité de ce corps, prise par rapport à l'hydrogène, entrant dans les combinaisons. Ces nombres sont les *poids atomiques*. Ce sont pour l'hydrogène, 1 ; pour le sodium, 23 ; pour l'azote, 14, etc.

Ces nombres, ou plutôt les masses qu'ils représentent, peuvent se remplacer intégralement dans une combinaison s'ils ont la même valeur atomique, et le rapport est représenté par le poids atomique (1 d'hydrogène mono-atomique valant 1 = 1 de sodium mono-atomique valant 23 = 1 de soude caustique mono-atomique valant 40) ; le remplacement ne peut être que partiel si la valeur atomique du remplaçant est supérieure à celle de l'hydrogène, et le rapport sera représenté par la moitié du poids atomique s'il s'agit de corps bi-atomiques (acide sulfurique, acide oxalique) ; par le tiers, par le cinquième, s'il s'agit de corps tri- ou pentatomiques.

Ceci posé, on donne le nom de *solutions normales*, à telles solutions qui renferment pour un litre une quantité de corps dissous correspondante à 1 atome d'hydrogène ; on peut aussi les définir ainsi : des solutions qui, pour un litre, renferment une quantité de substance équivalente à leur poids atomique,

2

calculé en grammes. C'est-à-dire que la solution normale de soude caustique renferme, par litre,

1 de Na = 23 + 1 de H = 1 + 1 de O = 16, total 40 grammes de NaOH;

que l'acide sulfurique normal renferme

1 de S = 32 + 4 de O = 64 + 2 de H, total $\frac{98}{2}$ grammes d'acide sulfurique.

Ces solutions ne donnent, il est vrai, pas de chiffres ronds, et elles embarrassent le calcul de nombres complexes; mais elles ont l'avantage d'être toutes équivalentes entre elles et de renseigner d'un coup toutes les valeurs imaginables.

En effet, une quantité donnée de solution normale d'acide sulfurique équivaut à la même quantité de solution de soude normale, et celle-ci à la même quantité de solution normale d'ammoniaque.

Or, nous connaissons exactement la composition de ces diverses solutions; la connaissance d'un résultat analytique entraînera la connaissance de l'équivalence d'une autre solution.

S'il s'agit, par exemple, de neutraliser 10 c. c. d'acide sulfurique normal qui contiennent 0gr.49 de SO^4H^2 à l'aide de soude caustique, on saura sans calcul que la quantité nécessaire est 0.40 de NaOH; 0.17 de NH^3; que cette quantité correspond à 0.23 de sodium, 0.20 de calcium, 0.14 d'azote.

On se sert soit de solutions normales, soit de solutions décinormales (solutions 10 fois plus diluées).

Pour préparer les solutions normales, on pèse la quantité de matière que le calcul indique, on la dissout dans la masse nécessaire du véhicule; on peut aussi prendre une quantité quelconque de substance que l'on dissout et rechercher la quantité dont il faut diluer la solution en comparant cette liqueur à une solution préparée par la méthode de la pesée.

Si la substance est solide, on en pèse la quantité nécessaire, on la dissout dans trois quarts de litre, en agitant et en portant à 15° la température de la liqueur; lorsque la substance est dissoute, on ajoute la quantité d'eau nécessaire pour faire un litre, on bouche le flacon et, par agitation, on opère exactement le mélange.

S'il s'agit d'un corps liquide, on détermine son poids spécifique à l'aide d'un densimètre marquant au moins la troisième décimale, ou bien à l'aide du pycnomètre. Lorsque la densité est déterminée, on cherche dans des tables spéciales la quantité active de corps qui correspond à cette densité. On mesure ensuite la quantité que ce calcul renseigne et l'on procède comme dans le cas précédent.

Préparation de l'acide sulfurique normal. — L'acide sulfurique concentré d'une densité de 1.84 renferme 98.5 % de SO^4H^2; la solution normale doit contenir exactement 49 grammes par litre. On pèse directement l'acide, ou on détermine, à l'aide des tables, le volume qui correspond au poids demandé, on le dilue dans un litre d'eau.

Il ne suffit pas de procéder ainsi, il faut encore s'assurer de l'exactitude du titre de la solution.

On mesure 10 c. c. de la solution, on y ajoute quelques gouttes d'une solution aqueuse saturée de méthylorange, puis on laisse s'écouler par filets de la solution de soude normale, en agitant, jusqu'au moment où la couleur rouge qu'a prise le méthylorange vire au jaune. Si le titre est exact, ce point sera atteint lorsque 10 c. c. de solution sodique se seront écoulés; s'il est dépassé, la solution acide est trop concentrée et doit être diluée; s'il n'est pas atteint, la solution est trop diluée et doit être enrichie. Si 10 c. c. d'acide nécessitent 9.4 pour l'apparition du virage de l'indicateur, la solution devra être diluée d'autant de fois 0.6 que la masse contient de fois 10 c. c., c'est-à-dire 60 c. c. par litre.

Pour préparer la solution décinormale, il suffit de mesurer exactement 100 c. c. de la solution normale et de les étendre dans 900 c. c. d'eau.

Préparation de la solution normale de soude. — Elle contient 40 gr. de soude caustique par litre. On se sert, pour la préparer, de soude caustique chimiquement pure que l'on pèse et que l'on dissout dans une quantité suffisante d'eau, et l'on s'assure par titration, au moyen d'acide sulfurique normal, que cette solution a réellement sa valeur normale.

On peut aussi se servir d'une solution plus concentrée : un premier titrage détermine la quantité d'eau qu'il faut ajouter pour atteindre la valeur normale.

Indicateurs. Le point de repère dans ces méthodes de saturation est constitué par les changements de couleur que manifestent, en présence d'acides ou d'alcalis, certaines substances indifférentes; ce sont les *indicateurs*, dont voici les principaux :

1. **La teinture de tournesol.** — On fait digérer du tournesol finement pulvérisé dans un grand volume d'eau distillée. Après vingt-quatre heures, on décante la solution aqueuse que l'on rejette, et l'on reprend le résidu dans une nouvelle masse d'eau. On laisse macérer pendant vingt-quatre heures : on décante la masse liquide; on la divise en deux parties égales; on ajoute

à l'une d'elles une quantité d'acide sulfurique dilué suffisante pour la colorer faiblement en rouge; puis on mélange les deux portions.

Cette liqueur bleuit par les alcalins et rougit par l'action des acides.

2. **Le méthylorange** en solution aqueuse à 1 °/₀₀. — Les alcalis le colorent en jaune-citron; les acides minéraux, en rouge-pourpre. Cet index ne peut s'employer qu'à froid.

3. **La phénolphtaléine** en solution alcoolique à $^1/_{30}$ reste incolore en présence d'acides et vire au rouge-violet lorsque la réaction devient alcaline. Cet index ne peut s'employer lorsqu'il s'agit de doser des solutions ammoniacales.

4. **L'acide rosolique** en solution alcoolique à 1 °/₀₀. — La solution possède une couleur jaune brunâtre; elle vire au rouge violacé en présence d'alcalis.

On peut remplacer les solutions indicatrices par les papiers indicateurs que l'on trouve dans le commerce. L'emploi de ceux-ci restera limité aux déterminations qualitatives plutôt qu'aux recherches quantitatives.

§ 4. Méthodes optiques.

Certaines méthodes physiques rendent à l'analyse chimique des services importants. Ce sont :

1° L'*analyse spectrale*, qui permet de reconnaître :

a) Les spectres d'absorption qui caractérisent certains pigments;

b) Les raies caractéristiques de certains métaux.

2° La *polarisation*, qui permet de déceler et même de déterminer la quantité d'un certain nombre de corps organiques des plus importants.

1. Analyse spectrale.

Analyse spectrale.

Sans entrer dans les détails de construction des spectroscopes, nous rappellerons cependant les points principaux de leur construction Tous ces appareils se composent essentiellement :

1° D'un collimateur, qui donne aux rayons lumineux entrants une direction parallèle ;

2° D'un prisme qui réfracte ces rayons ;

3° D'une lunette astronomique qui permet l'examen du spectre et la lecture de l'échelle de celui-ci.

On se sert, en général, dans les laboratoires, du petit spectroscope à main de Browning, qui suffit amplement pour la détermination des différents pigments.

Spectroscope de Browning [1].

Analyse spectroscopique des pigments.

Analyse spectroscopique des pigments. — On se sert dans ce but de solutions concentrées, que l'on place dans des récipients spéciaux à parois planes. On dispose l'appareil de telle manière

---

[1] Les clichés d'instruments reproduits dans le texte m'ont été obligeamment fournis par M. Rob. Drosten, représentant de la maison Schmidt et Haensch de Berlin ; je lui en exprime mes remerciements.

que les rayons lumineux, provenant soit d'une lampe à gaz, soit d'une source lumineuse intense quelconque, traversent la couche liquide avant de pénétrer dans l'appareil. On observe alors le spectre obtenu et on le compare au spectre normal. Beaucoup d'instruments sont munis, à cet effet, d'un petit prisme spécial qui projette un spectre comparateur à côté du spectre d'absorption.

On dilue alors la solution à l'aide d'un dissolvant incolore et l'on observe le développement du spectre. Il existe un grand nombre de pigments pour lesquels la dilution met en lumière un spectre discontinu et qui possèdent, pour des régions déterminées du spectre, un pouvoir d'absorption considérable. Comme point de repère qui permette de déterminer la situation et la dimension des raies d'absorption, on se sert des raies de Frauenhofer.

Analyse spectroscopique des cendres.

Analyse spectroscopique des cendres. — Un grand nombre de métaux qui peuvent se rencontrer dans les tissus et les organes, possèdent un spectre caractéristique Pour mettre ceux-ci en lumière, il suffit de calciner le tissu ou un fragment de l'organe dans un creuset jusqu'à destruction complète des matières organiques, de récolter quelques parcelles du résidu salin dans un œillet de fil de platine et de porter celui-ci dans une flamme non éclairante de Bunsen, placée devant le collimateur du spectroscope.

On peut, à l'aide du prisme comparateur, comparer le spectre normal et le spectre nouveau. On rencontre d'une façon constante la raie du sodium, souvent celle du potassium.

Les métaux que l'analyse spectrale peut facilement déceler sont : le sodium, le potassium, le rubidium, le coesium, le lithium, le didyme, le strontium, le baryum, le calcium, etc.

2. La polarisation.

Un grand nombre de composés organiques à poids moléculaire élevé exercent une déviation sur le plan de la lumière polarisée. Les principaux groupes de corps organiques faisant partie intégrante de nos tissus ou de nos organes qui possèdent ces propriétés, sont : les sucres, les albumines, etc. Parmi ces substances, les unes sont dextrogyres, c'est-à-dire dévient vers la droite la lumière, les autres sont lévogyres, c'est-à-dire font dévier vers la gauche le plan de polarisation. L'intensité de cette action, c'est-à-dire l'angle de déviation, varie pour chaque corps; c'est une propriété particulière de ce corps et caractéristique; elle est proportionnelle au nombre de molécules de ce corps. Il s'ensuit que la détermination exacte de l'angle dont un corps donné fait dévier la lumière polarisée, aura la valeur la plus grande pour la détermination de l'identité du corps, et éventuellement aura une valeur suffisante pour en déterminer la quantité.

Quelle que soit la forme d'instrument à laquelle on s'adresse, il y a, dans l'étude de la polarisation, quelques règles constantes à suivre.

1° Il faut que les solutions soient claires, limpides et incolores; une faible coloration jaune n'entrave point la lecture, mais les couleurs rouges et brunes rendent tout essai irréalisable. Dans ces conditions, il faut avoir recours à l'action des réactifs pour débarrasser la liqueur de l'agent colorant (acétate de plomb, noir animal).

2° La source lumineuse est, soit une bonne lampe à huile, soit une flamme incolore de Bunsen, dans laquelle on suspend une petite corbeille de platine portant une perle de sodium et fournissant ainsi une lumière monochromatique. On entoure la source lumineuse d'une cheminée munie d'une ouverture latérale permettant le passage des rayons lumineux dans l'appareil.

On appelle *pouvoir rotatoire* d'une substance, le degré de déviation que détermine, pour la lumière du sodium, une solution contenant 1 gramme de substance active pour 1 c. c. d'eau, et observée sous une épaisseur de 1 décimètre. On marque le sens de la déviation par le signe + s'il s'agit d'un corps dextrogyre, par le signe — si la substance est lévogyre.

Pour déterminer avec précision le pouvoir rotatoire d'une substance, il convient de se servir de la lumière du sodium dont la raie coïncide avec la raie D de Frauenhofer; on le représente par le symbole

$$(\alpha)_D.$$

La déviation du plan de polarisation est proportionnelle au nombre de molécules influencées par le rayon de lumière; il convient donc de se servir d'une solution suffisamment riche du corps, et d'en emplir un tube de la plus grande longueur possible. On détermine, à l'aide de l'instrument, la déviation, puis on vide le tube dans une capsule. On rince le tube à l'aide du même dissolvant, on réunit la solution et le liquide de rinçage, on évapore à siccité et l'on détermine par pesée la quantité de substance. On a au préalable déterminé soigneusement la capacité du tube, et l'on calcule le pouvoir rotatoire exact à l'aide de la formule

$$(\alpha)_D = \pm \frac{v\alpha}{pl},$$

dans laquelle α est la déviation observée; v la contenance exacte du tube en centimètres cubes; p le poids de la substance active exprimé en grammes, et l la longueur du tube en décimètres.

Il existe de nombreux appareils destinés à mesurer l'intensité de la déviation que certaines substances exercent sur la lumière polarisée. Nous n'entrerons pas dans le détail de leur description qui se trouve dans tous les traités de physique.

Ces instruments se composent, dans leurs parties essentielles :

1° D'un polariseur;

2° D'un tube destiné à recevoir la substance active dissoute dans un dissolvant inactif;

3° D'un analyseur.

Polarimètre à pénombre de Laurent.

Le polarimètre à pénombre de Laurent se compose d'un nicol polariseur et d'un nicol analyseur. Entre eux est interposée une lame de quartz demi-onde, disposée de telle façon qu'elle corresponde à la moitié d'un diaphragme placé près du polariseur et qui limite les rayons venant de la source lumineuse. Le champ de la lunette est divisé en deux moitiés; la droite laisse passer directement les rayons lumineux tels qu'ils viennent du polariseur; dans la moitié gauche, par contre, les rayons venant du polariseur doivent traverser la lame de quartz susmentionnée. Si la section principale du polariseur est parallèle ou perpendiculaire à l'axe de la lame de quartz, celle-ci restera sans action, et les rayons lumineux passeront avec la même vitesse dans les deux moitiés du champ de la lunette et ces deux territoires seront éclairés avec une égale intensité; s'il n'en est pas ainsi, les rayons ne passeront pas avec la même vitesse dans les deux moitiés du champ de la lunette et celui-ci apparaîtra comme deux demi-disques inégalement éclairés.

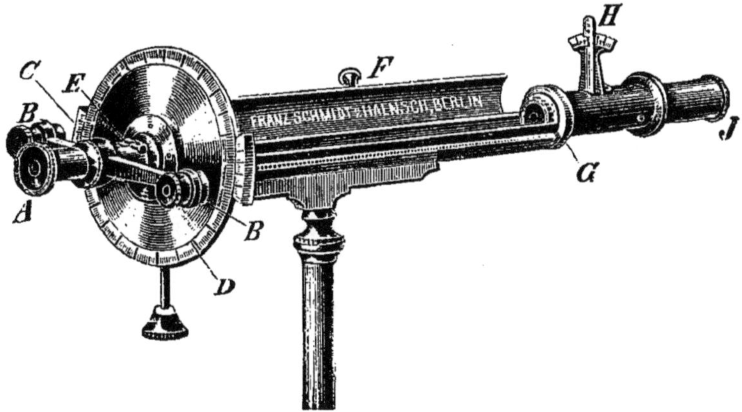

Polarimètre à pénombre de Laurent.

L'analyseur est mobile; on le fait tourner d'une quantité suffisante pour rétablir l'égalité des deux plages lumineuses; on lit cette quantité sur le vernier : elle exprime, selon l'instrument, soit l'angle de déviation, soit le nombre de grammes de substance active.

Mode d'emploi. — 1° On s'assure le maximum de lumière en visant les parties les plus lumineuses du brûleur.

2° On procède à la détermination du zéro sans regarder la graduation. Si le zéro est atteint, les deux parties montrent des disques paraissant d'un gris jaunâtre absolument identique, et la ligne qui les sépare absolument nette.

Si l'on n'est pas dans la position exacte, les deux parties du disque n'ont pas une similitude parfaite et la ligne de démarcation qui les sépare est diffuse. On rétablit l'égalité à l'aide des vis de correction. Si l'on corrige dans le bon sens, le côté sombre s'éclaircit et le côté clair s'assombrit. Lorsqu'on a obtenu l'égalité des teintes, on procède à la lecture du vernier.

3° On place dans le tube la solution à étudier. L'égalité d'éclairage est détruite. On la rétablit en tournant le bouton qui commande le nicol analyseur de telle façon que le côté clair s'assombrisse et que le côté obscur s'éclaire. On continue cette manœuvre jusqu'au moment où l'égalité de teinte des deux demi-disques est rétablie et leur frontière nette. Si le vernier a tourné à droite, il s'agit d'un corps dextrogyre ; s'il a tourné vers la gauche, c'est à une substance lévogyre que l'on a affaire.

Polaristroboscope de Wild.

Le polaristroboscope de Wild se compose d'un nicol polariseur mobile et d'un nicol analyseur. Un polariscope de Savart, formé de deux lames de spath, est interposé entre l'analyseur et l'œil de l'observateur.

Si les sections principales de ces deux nicols sont parallèles ou perpendiculaires, les rayons lumineux sortant du polariseur passent avec une même vitesse dans tout le système optique de l'appareil et le champ de la lunette apparaîtra complètement lumineux ; par contre, dans toutes les positions intermédiaires des deux nicols, l'un par rapport à l'autre, les rayons ne posséderaient plus la même vitesse dans toute l'étendue du champ, et dans celui-ci apparaîtront des raies horizontales (raies d'interférence).

Le nicol polariseur est fixé dans un disque métallique dont la circonférence porte une double graduation; la lecture se fait à l'aide d'une seconde lunette.

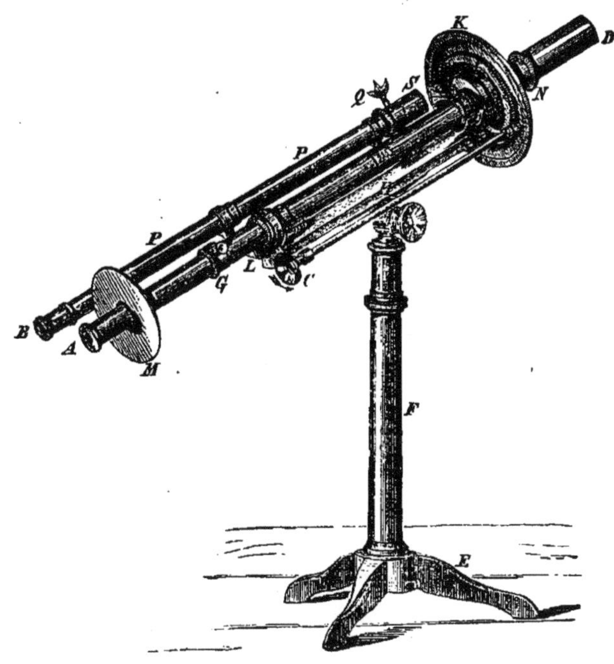

Polaristroboscope de Wild.

Mode d'emploi. — 1° Il faut diriger l'instrument vers le point le mieux éclairé, et où la lumière est le plus homogène.

2° L'observateur règle par tirage la mise au point jusqu'au moment où la croisée des fils atteint son maximum de visibilité.

On détermine le zéro en modifiant la position du polariseur au moyen d'un bouton; lorsque le zéro est atteint, c'est-à-dire lorsque les axes principaux du polariseur et de l'analyseur coïncident ou sont perpendiculaires, le champ est dépourvu de franges.

3° On interpose la substance active ; les franges reparaissent et l'on rétablit le zéro, c'est-à-dire que l'on corrige la position relative des deux nicols. On lit sur l'alidade l'angle de déviation. Il importe de ne pas se borner à une lecture unique, mais de procéder à une dizaine de lectures, et d'en prendre la moyenne.

Calcul de l'analyse. — L'expérience démontre que si l'on examine la substance active sous une épaisseur de 200 millimètres, un degré de déviation correspond à 9gr.92 de glucose ; si l'on se sert d'un tube de 100 millimètres, un degré correspond à $9.92 \times 2 = 19^{gr}.84$.

Pour calculer la quantité de glucose d'une solution sucrée, on multiplie la déviation obtenue par le facteur 9.92.

Exemple : Soit pour un tube de 200 millimètres une déviation de 2°.5, on trouvera la concentration au moyen du calcul suivant :

$$2°.5 \times 9.92 = 24^{gr}.80 \text{ ‰}.$$

CHAPITRE II.

LA SALIVE. — DIGESTION SALIVAIRE.

La salive est formée par le mélange des sécrétions des glandes parotide, sublinguale et sous-maxillaire. C'est un liquide incolore, légèrement opalescent, d'aspect trouble, possédant une réaction franchement alcaline.

La salive renferme des sels (sels de chaux et sulfocyanure de potassium) qui suffisent à la caractériser, de la mucine et un ferment transformant l'amidon et les dextrines en sucre.

Sulfocyanure de potassium.

Sulfocyanure de potassium. — Il existe d'une façon constante dans la salive et suffit, par sa présence, à caractériser cette sécrétion.

On reconnaît la présence du sulfocyanure à la réaction suivante : on acidifie le liquide à l'aide de quelques gouttes d'acide chlorhydrique, puis on y ajoute goutte à goutte du perchlorure de fer. Le liquide prend alors une teinte rouge-sang caractéristique, due à la formation de sulfocyanure de fer.

Mucine.

Mucine. — On reconnaît la mucine aux caractères suivants :

1° On ajoute quelques gouttes d'acide acétique concentré à 10 c. c. de salive filtrée; la mucine se précipite sous la forme de flocons insolubles dans un excès d'acide;

2° On précipite la mucine par addition d'un excès d'alcool ; on filtre, on lave à l'alcool, puis à l'éther. On reprend ensuite le précipité, sur le filtre, par l'eau alcalinisée. Ce résidu donne la réaction du biuret, c'est-à-dire qu'il prend à froid une couleur rose-violet en présence de soude caustique et de quelques gouttes d'une solution diluée de sulfate de cuivre ;

3° L'ébullition de la mucine avec de l'acide sulfurique dilué dédouble la mucine en une substance protéique et en un corps du groupe des sucres qui réduit la liqueur de Trommer.

On porte à ébullition 10 c. c. de solution de mucine acidifiée d'acide sulfurique ; après refroidissement, on neutralise à l'aide de soude caustique ; on ajoute quelques gouttes d'une solution diluée de sulfate de cuivre et l'on porte le mélange à l'ébullition ; le sulfate se réduit à l'état d'oxyde rouge.

Ptyaline. **La ptyaline.** — La digestion artificielle de l'amidon est le meilleur moyen de déceler la présence de ce ferment.

On soumet quelques centimètres cubes (10) d'empois d'amidon à l'action de 1 c. c. de salive ; on met à l'étuve à 40° environ. Après quelque temps, la liqueur s'éclaircit et les caractères chimiques qu'elle présentait ont changé.

L'empois d'amidon qui, avant l'action de la salive, virait au bleu par addition de quelques gouttes de bi-iodure de potassium, prend sous l'influence du même réactif une teinte d'un rouge plus ou moins prononcé, qui disparaît à chaud pour reparaître par refroidissement ; en outre, la liqueur, primitivement inactive sur les solutions cupro-alcalines, renferme un sucre fermentescible que nous caractériserons plus bas et qui réduit la liqueur de Trommer.

Produits de la digestion salivaire.

Digestion salivaire.

On pèse environ 20 grammes d'amidon que l'on fait bouillir avec environ 1 litre d'eau ; puis on laisse refroidir à 40°. On ajoute environ 20 c. c. de salive; on mélange bien et on laisse séjourner à l'étuve pendant deux à trois heures. L'empois opaque s'est éclairci au bout de ce temps, et les caractères qu'il présentait ont disparu pour faire place à des propriétés nouvelles.

L'empois d'amidon est opaque; il se colore en bleu-violet intense en présence de bi-iodure de potassium ; il ne réduit pas la liqueur de Fehling ni la liqueur de Trommer. Lorsque la digestion s'est opérée, le bi-iodure de potassium appelle une coloration rouge-acajou, ou bien, si la digestion est suffisamment avancée, ce réactif ne détermine plus aucune coloration. En outre, le liquide réduit plus ou moins abondamment la liqueur de Fehling et la liqueur de Trommer et fournit la réaction de la phénylhydrazine.

L'action du ferment a transformé l'amidon insoluble en deux groupes de produits nouveaux : dextrine et maltose.

On pourra facilement séparer ces divers produits l'un de l'autre en suivant la marche ci-après :

Schéma de la marche à suivre.

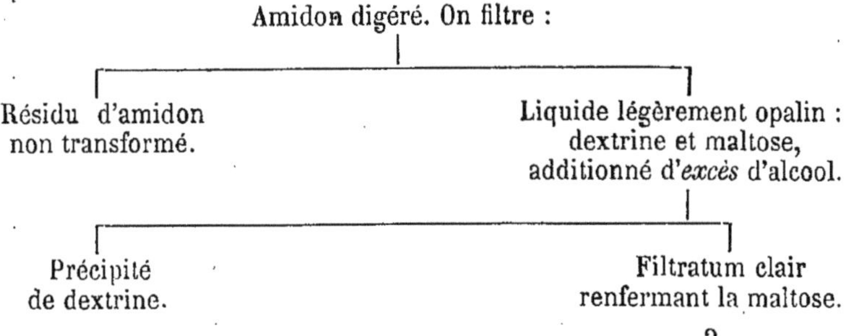

Dextrine.

Dextrine. — On la caractérise par les réactions indiquées ci-dessus : elle se colore en rouge-acajou par le bi-iodure de potassium. Cette coloration s'atténue par la chaleur pour reparaître par refroidissement. Insoluble dans l'alcool qui la précipite de ses solutions, elle se dissout facilement dans l'eau. On y distingue plusieurs variétés parmi lesquelles nous ne mentionnerons que les deux groupes :

α) L'érythrodextrine : coloration acajou par l'iode; précipitation par l'alcool; ne réduit pas la liqueur de Trommer;

β) L'achroodextrine : pas de coloration par l'iode; précipitation par un excès d'alcool.

Maltose.

Maltose. — C'est une variété de sucre appartenant au groupe des bioses. Après que l'on a séparé les dextrines, on évapore l'alcool, puis on recherche dans la dissolution aqueuse la présence de la maltose.

1. La liqueur de Trommer : En présence de soude caustique, la solution sucrée dissout le sulfate de cuivre; la solution prend une teinte bleu céleste. L'ébullition réduit le sulfate de cuivre à l'état d'oxyde ou d'oxydule jaune ou rouge qui se précipite.

2. Réaction de la phénylhydrazine : On dissout quelques gouttes de phénylhydrazine dans la solution sucrée; on y ajoute quelques gouttes de solution diluée d'acide acétique (à 50 °/₀). On agite, on filtre, puis on chauffe au bain-marie pendant une demi-heure et on laisse refroidir.

Le refroidissement fait précipiter l'osazone de la maltose. Celle-ci se présente sous forme de petits cristaux jaunes, minces, réunis en houppes, insolubles dans l'eau froide et solubles dans l'eau bouillante. Leur point de fusion est 205°.

Action des acides sur la fermentation salivaire.

Les acides exercent une grande influence sur la fermentation salivaire. La présence d'un acide minéral libre (acide chlorhydrique) ou d'un acide organique (acide lactique) suffit à arrêter l'action de la ptyaline.

On prépare de l'empois d'amidon à 5 °/₀ (10 c. c.) que l'on additionne de 5 c. c. de solution chlorhydrique à 0.2 °/₀ et de 1 c. c. de salive. On place dans l'étuve à 39° pendant vingt-quatre heures et l'on recherche, au bout de ce temps, la présence des produits de transformation de l'amidon (dextrines et sucres).

A cet effet, on alcalinise une partie de la solution (2 c. c. environ) et l'on soumet à l'action du réactif de Trommer; une autre portion (5 c. c.) est réservée à l'essai de la phénylhydrazine, et dans les portions restantes on recherche la réaction de l'iode.

La réaction de Trommer est négative, c'est-à-dire que la solution ne renferme point de sucre; il en est de même de la réaction de la phénylhydrazine. Quant à la réaction de l'iode, elle est en général négative, c'est-à-dire qu'elle colore en bleu la solution; parfois une légère teinte violacée apparaît.

On fait une expérience de contrôle, sans addition d'acide, qui donne les résultats mentionnés plus haut.

CHAPITRE III.

LE SUC GASTRIQUE. — LA DIGESTION GASTRIQUE.

§ 1. — Le suc gastrique.

Si l'on ouvre l'estomac en dehors du temps de la digestion, on constate sur la paroi la présence d'un liquide plus ou moins abondant, de réaction alcaline : le *mucus*. Pendant la digestion, au contraire, la muqueuse est rouge, turgescente; elle sécrète un liquide abondant, de réaction fortement acide : le *suc gastrique*.

L'acidité du suc gastrique peut dépendre de trois facteurs qui s'associent : l'acide chlorhydrique, l'acide lactique et enfin des sels acides.

Recherche de l'acide chlorhydrique libre.

1. **Réaction de Günsburg.** — On obtient ce réactif en dissolvant 1 gramme de vanilline, 2 grammes de phloroglucine dans 100 grammes d'alcool. Réaction de Günsburg.

On verse 2 ou 3 c. c. du suc à analyser dans une capsule, on y ajoute deux ou trois gouttes du réactif et l'on chauffe sur une petite flamme en agitant sans cesse le mélange.

Le résidu de l'évaporation prend, en présence de l'acide chlorhydrique, une couleur rouge vif; en l'absence d'acide, une coloration brunâtre. Cette réaction est d'une sensibilité exquise et ne se produit pas même en présence de fortes proportions d'acides organiques.

Tropéoline.

2. La tropéoline. — On emploie la tropéoline 00 en solution à 0.25 ‰.

On opère comme pour la réaction précédente.

On prélève quelques centimètres cubes de suc gastrique que l'on verse dans une capsule, on y ajoute quelques gouttes de solution de tropéoline et l'on chauffe sur une petite flamme en agitant sans cesse le mélange. La présence d'acide chlorhydrique se révèle par l'apparition de stries colorées sur la paroi de la capsule, ou d'un résidu d'un bleu-pourpre ou violet intense.

L'acide lactique en solution assez concentrée fournit la même réaction.

On peut employer aussi le papier à la tropéoline; ce papier ne possède pas la même sensibilité que la réaction même.

Rouge Congo.

3. Le rouge Congo s'emploie, comme la tropéoline, en solution ou sous forme de papier imprégné de la matière colorante.

On verse dans un tube à essai quelques centimètres cubes du suc à analyser, puis on y ajoute quelques gouttes d'une solution faible de rouge Congo. La liqueur prend instantanément une couleur bleu-azur.

L'acide lactique opère aussi le virage du rouge Congo. Le papier Congo que le commerce fournit, présente les mêmes propriétés que la solution. Il vire au bleu pour une proportion très faible d'acide chlorhydrique; mais l'acide lactique concentré le bleuit aussi.

4. **Le violet de méthyle** s'emploie en solution faible (0.5 ‰). Violet de méthyle.

On verse dans un tube à essai quelques centimètres cubes de suc gastrique, on ajoute quelques gouttes de violet de méthyle. En présence d'acide chlorhydrique, la teinte de la liqueur change, passe au bleu vif. Un grand excès d'acide décolore la liqueur ou la fait virer au vert.

Les acides organiques, quand ils sont suffisamment concentrés, opèrent le même virage.

5. **Le vert brillant** s'emploie en solution aqueuse très étendue (0.5 ‰). Vert brillant.

La réaction s'obtient comme la précédente; la solution est d'un bleu pâle; elle vire au vert foncé en présence d'acide chlorhydrique. Les acides combinés aux albumines opèrent aussi le virage.

6. **La résorcine.** — Le réactif possède la composition suivante : Résorcine.

Résorcine resublimée	5.0 gr.
Saccharose	3.0 gr.
Alcool dilué	100.0 gr.

On verse quelques centimètres cubes de suc gastrique dans une capsule, on y ajoute de trois à cinq gouttes du réactif et l'on chauffe prudemment sur une petite flamme; on obtient, en présence d'acide chlorhydrique, une coloration rouge-cinabre, semblable à celle que donne la phloroglucine-vanilline, et qui disparaît par le refroidissement; les acides organiques ne donnent pas la réaction.

Ces réactions possèdent une grande sensibilité; néanmoins, on accordera la plus grande valeur à la réaction de la phloroglucine-vanilline et à la réaction de la résorcine; les autres réactions possèdent plutôt une valeur de contrôle.

Toutes ces réactions sont sous la dépendance immédiate de la richesse du suc gastrique en albumines dissoutes. On sait que toutes les substances albumineuses ont une grande avidité pour les acides, soit qu'elles forment avec eux des composés définis, soit qu'il y ait simplement un mélange très intime. Dans ces conditions, il devient difficile de déceler la présence de l'*acide* qui est dit *combiné*. La dialyse, la distillation ne permettent pas de réaliser la séparation. Il faut recourir à cet effet à la méthode de l'analyse capillaire.

Voici en quoi consiste cette méthode.

Analyse capillaire.

Si l'on fait traverser à un mélange de corps, ayant des grandeurs moléculaires différentes, un système capillaire, le corps dont la molécule est la plus petite passera le plus facilement et apparaîtra en premier lieu. La différence considérable de grandeur de la molécule d'acide chlorhydrique et d'albumine permet d'espérer que celle-là aura moins de difficulté à s'élever dans un système capillaire.

Si on plonge dans un suc gastrique renfermant de l'acide combiné des bandes de papier suédois et que, après un certain nombre d'heures, on débite ces bandes en tranches, les bandes supérieures, imprégnées de phloroglucine-vanilline, renseignent la présence d'acide chlorhydrique libre, que le même réactif ne décelait point dans le liquide soumis à l'analyse.

Recherche de l'acide lactique dans le suc gastrique.

Il est facile de reconnaître la présence de ce corps dans le suc gastrique.

1. **Réaction d'Uffelmann.** — Le réactif d'Uffelmann s'obtient en faisant le mélange suivant : 20 c. c. d'eau distillée, 10 c. c. d'une solution phéniquée à 4 % et deux gouttes d'une solution de perchlorure de fer. On obtient ainsi une liqueur d'une couleur améthyste qui ne se conserve pas, même à l'abri de la lumière, et qui vire au jaune-citron ou au jaune-canari sous l'action de l'acide lactique. Réaction d'Uffelmann.

Le réactif ne reste pas indifférent en présence d'acide chlorhydrique qui le décolore et fait passer la teinte primitive au gris ; les phosphates, les lactates et des substances alimentaires, sucres, etc., peuvent aussi opérer le virage.

2. **Réaction de Boas.** — Si l'on oxyde prudemment une solution d'acide lactique, l'acide se transforme en donnant naissance à de l'aldéhyde et de l'acide formique. La formule suivante nous montre cette réaction : Réaction de Boas.

$$\underset{\text{Acide lactique.}}{CH^3 - CHOH - COOH} = \underset{\text{Aldéhyde.}}{CH^3CHO} + \underset{\text{Acide formique.}}{CHOOH}$$

Si l'oxydation est trop intense, les produits de la réaction sont autres et l'aldéhyde ne prend plus naissance, ainsi que l'établissent les formules suivantes :

$$CH^3 - CHOH - COOH + 2O = \underset{\text{Acide acétique.}}{CH^3 - COOH} + CO^2 + H^2O$$

On prélève 20 c. c. environ de suc gastrique, on y ajoute 5 c. c. d'acide sulfurique pur, quelques centigrammes de permanganate de potassium; on dilue faiblement et on distille. Dans le distillat, on recherche la présence de l'aldéhyde par la réaction suivante :

On alcalinise les premiers centimètres cubes qui passent à la distillation par de la soude caustique, on ajoute 1 c. c. environ d'une solution de bi-iodure de potassium le long de la paroi, de façon que les liquides se superposent sans se mélanger. En présence d'aldéhyde, il se forme, au point de contact des deux liquides, un anneau blanc d'iodoforme. On reconnaît ce corps à son odeur caractéristique et à la forme microscopique de ses cristaux (étoile hexagonale).

Extraction de l'acide lactique.

3. **Extraction de l'acide lactique.** — On prélève environ 50 c. c. de suc gastrique, on agite deux fois avec une quantité égale d'éther sulfurique dans un entonnoir à robinet; on sépare, on laisse évaporer l'éther, on reprend le résidu dans 5 c. c. d'eau et l'on soumet soit à la réaction d'Uffelmann, soit à la réaction de Boas, soit à la préparation des sels insolubles d'acide lactique (lactate de zinc ou baryum).

Lactate de zinc.

4. **Lactate de zinc.** — On porte à l'ébullition 10 c. c. du suc gastrique, on filtre pour séparer le coagulum d'albumine, on ajoute au filtratum une petite portion de carbonate de baryum et on évapore au bain-marie à consistance sirupeuse. On reprend cette masse sirupeuse à plusieurs reprises avec de l'alcool absolu, on laisse reposer pendant quelque temps et l'on filtre. On réduit le filtratum au bain-marie à un petit volume, on acidule à l'aide de quelques gouttes d'acide sul-

furique dilué et l'on agite à plusieurs reprises dans l'entonnoir à robinet avec de l'éther.

On laisse reposer jusqu'à séparation nette des deux liquides, on récolte la solution éthérée, on chasse l'éther et l'on reprend le résidu acide par l'eau, en y ajoutant du carbonate de zinc

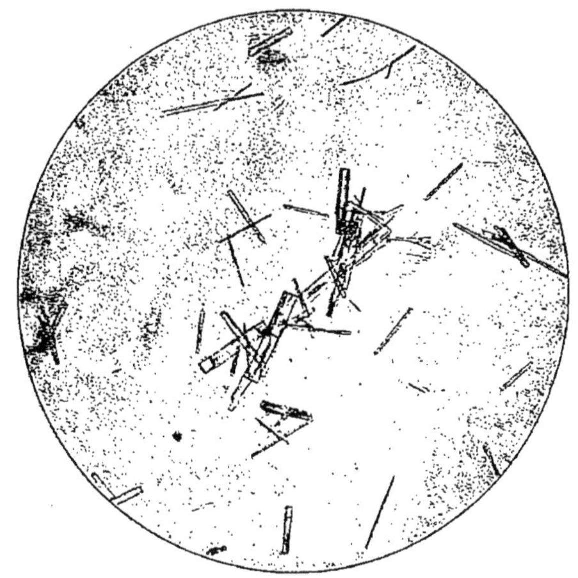

Lactate de zinc.

fraîchement précipité; puis on porte à l'ébullition, on filtre et l'on réduit à un faible volume.

Le refroidissement produit déjà la cristallisation du lactate de zinc en prismes rhombiques isolés ou agglomérés en houppes.

Ce sel est peu soluble dans l'eau froide, assez soluble dans l'eau chaude, insoluble dans l'alcool; il renferme 18.18 % d'eau, teneur en eau qui suffit à caractériser ce corps.

Recherche des sels acides.

L'acidité du suc gastrique peut aussi dépendre de la présence de sels acides. Léo a indiqué une méthode permettant de déceler la présence de ces sels.

Méthode de Léo.

Méthode de Léo. — Le principe de la méthode est que le carbonate de chaux neutralise à froid les acides libres, tandis qu'il reste inactif en présence de phosphates acides de potassium ou de sodium. Si donc on neutralise du suc gastrique à l'aide de carbonate de calcium, et que la réaction perde son acidité, on sera fondé à admettre l'absence de sels acides. Si l'acidité persiste, il sera permis de conclure à la présence de sels acides, les acides libres s'étant combinés au carbonate de calcium.

On prélève donc 10 c. c. de suc gastrique filtré, on y ajoute de la solution de chlorure de calcium à 5 %, puis on détermine le titre acidimétrique de cette solution.

On prélève une nouvelle portion de suc, on la mélange avec quelques grammes de carbonate de calcium en poudre et l'on filtre. On fait barboter de l'air dans le filtratum pour chasser l'acide carbonique qui s'est formé pendant la réaction, on ajoute de la solution de chlorure de calcium et l'on titre à l'aide de la solution sodique.

Ces deux analyses donnent-elles des résultats différents, on admettra la présence de sels acides et, dans ce cas, on connaîtra la richesse du suc en acide libre.

Dosage de l'acide chlorhydrique du suc gastrique.

Il existe de nombreux procédés permettant de déterminer la quantité de l'acide du suc gastrique; nous n'indiquerons que les principaux, c'est-à-dire ceux qui permettent d'obtenir des renseignements cliniques utilisables.

1. **Acidimétrie.** — Nous avons exposé dans le deuxième chapitre de cet ouvrage (p. 31) la théorie sur laquelle repose l'acidimétrie ainsi que les règles à suivre pour la confection des liqueurs titrées. Nous n'y reviendrons pas. Acidimétrie.

L'emploi de cette méthode renseignera le degré d'acidité que possède le suc gastrique, sans spécifier la nature des agents qui lui communiquent cette acidité.

On mesure exactement 10 c. c. du suc à analyser à l'aide de la pipette; on y ajoute deux ou trois gouttes d'une solution de méthylorange, ou bien d'une solution d'acide rosolique, et on laisse prudemment et goutte à goutte couler la solution décinormale de soude, jusqu'au moment où le virage de l'indicateur indique le point de neutralisation du liquide. L'acide rosolique rougit par les alcalis, le méthylorange est rouge en présence d'acide et prend, en présence d'alcalis, une coloration jaune.

Le nombre de centimètres cubes de la solution décinormale de soude qu'exige la saturation de l'acide dissous, exprime la quantité de cet acide. Par exemple, si 10 c. c. de suc nécessitent l'emploi de 12.5 c. c. de solution décinormale de soude, on établira que cette quantité renfermait $12.5 \times 0.00365 = 0.0456$ HCl; soit 4.56 par litre.

Cette méthode est d'une technique facile; elle ne nécessite qu'un temps très court. Mais elle a l'inconvénient de ne fournir que des renseignements grossiers; elle fait calculer sous le nom d'acide chlorhydrique, l'acide libre, l'acide combiné aux substances protéiques, l'acide lactique, les sels acides et tous les acides de fermentation dont la pathologie nous révèle l'existence dans les stases gastriques.

Méthode de Sjöqvist.

2. Méthode de Sjöqvist, modifiée par v. Jaksch. — *Principe de la méthode.* — Si l'on traite le suc gastrique par du carbonate de baryum bien pur et que l'on calcine le mélange, l'acide chlorhydrique se combine à l'état de chlorure de baryum soluble dans l'eau et résistant à la calcination; les autres acides forment des sels insolubles et se décomposent à la chaleur. Il est, dès lors, facile d'isoler le chlorure de baryum, de doser la quantité de métal contenue dans la solution et de déduire par le calcul la quantité de chlore auquel il était combiné.

Technique. — On neutralise exactement par du carbonate de baryum 10 c. c. de suc gastrique additionnés de quelques gouttes de teinture de tournesol. On évapore la masse à siccité. On incinère le résidu, on le calcine à feu nu; on laisse refroidir les cendres; puis on fait plusieurs extraits de celles-ci à l'aide d'eau distillée chaude jusqu'au moment où l'addition d'une goutte d'acide sulfurique dilué ne détermine plus la formation de précipité; on filtre et l'on réduit par évaporation à un volume moindre (50 c. c.).

Tout le chlore libre, le chlore combiné aux albumines a pris la forme de chlorure de baryum que l'eau distillée entraîne.

On acidifie la liqueur à l'aide de quelques gouttes d'acide chlorhydrique, on porte dans un verre de Bohême et l'on chauffe jusqu'à près de l'ébullition; on y ajoute quelques centimètres cubes d'acide sulfurique dilué, également chauffé.

On continue alors la chauffe au bain-marie jusqu'à ce que le précipité de sulfate de baryum se soit bien rassemblé au fond du vase; puis on filtre à travers un filtre de papier suédois, en y rassemblant soigneusement tout le précipité; on lave à l'eau jusqu'à ce qu'il ne passe plus ni chlorures ni acide sulfurique (on s'assure qu'il en est ainsi au moyen du nitrate d'argent et du chlorure de baryum); on lave à l'alcool absolu, à l'éther. On porte alors le filtre et son contenu dans un creuset; on chauffe lentement d'abord, puis plus vivement à feu nu, on laisse refroidir dans une atmosphère d'acide sulfurique et l'on pèse.

Une molécule de sulfate de baryte, c'est-à-dire une molécule de baryum, correspond à deux molécules d'acide chlorhydrique. Pour trouver la quantité d'acide chlorhydrique, on établit la proportion suivante :

233	:	73	: :	0.052	: x,
(p. m. du SO^4Ba)		(p. m. de 2 mol. HCl)		(quantité sulf. de baryte pesée)	

d'où

$$x = \frac{73 \times 0.052}{233} = 0.0163,$$

ou

0.163 °/₀ HCl.

Salkowsky a recommandé, pour simplifier le procédé, de faire un simple dosage du chlore contenu dans le chlorure de baryum. Il préconise l'emploi de la méthode de Volhardt (voir ci-dessous).

Méthode de Lütke.

3. Méthode de Lütke. — *Principe de la méthode.* — Le chlore existe dans le contenu gastrique sous forme d'acide chlorhydrique libre, sous forme d'acide chlorhydrique combiné à des matières organiques, sous forme de chlorures (de potassium, de sodium, de calcium). Un simple dosage de chlore renseigne cette valeur, à laquelle on donne le nom de *chlore total.*

Un deuxième dosage, fait après calcination, exprime la quantité de chlore associé aux métaux.

En effet, la calcination d'une combinaison organico-chlorhydrique détermine la combustion complète de la matière organique, et l'expulsion sous forme gazeuse de l'acide chlorhydrique engagé dans cette combinaison ; au contraire, la calcination du chlore combiné aux bases alcalines est impuissante à déterminer la décomposition des chlorures et à libérer le chlore engagé dans la combinaison.

La différence entre le chlore total et le chlore métallique représente l'acide chlorhydrique.

Solutions nécessaires pour le dosage du chlore :

1° *Solution décinormale de nitrate d'argent.* — On dissout 17 grammes de nitrate d'argent pur et cristallisé dans une quantité suffisante d'eau distillée que l'on acidifie à l'aide de 25 % d'acide nitrique chimiquement pur et l'on dilue pour faire 1 litre.

2° *Solution décinormale de sulfocyanure d'ammonium* renfermant 7gr.6 de sel au litre. — On dissout 8 grammes environ de sel dans 1 litre d'eau distillée, et l'on rectifie la dilution par titrage en présence de la solution décinormale d'argent.

10 c. c. de la solution 2 = 10 c. c. de la solution 1.

3° Comme index, *une solution d'alun ferrique.* — La liqueur prend, en présence de sulfocyanure, une coloration rouge due à la formation de sulfocyanure de fer.

Technique de la méthode :

a) **Dosage du chlore total.** — On mesure, à l'aide d'un ballon jaugé, 10 c. c. du contenu gastrique bien mélangé et non filtré. On transvase cette quantité dans un ballon jaugé de 100 c. c., on lave soigneusement et à plusieurs reprises le premier récipient et on réunit les eaux de rinçage au suc gastrique.

Dosage du chlore total.

On ajoute à cette quantité 20 c. c. de la solution décinormale de nitrate d'argent, on remplit le ballon jusqu'au niveau du trait de jauge, on agite, puis on laisse reposer pendant une dizaine de minutes. On filtre sur un filtre sec pour séparer le précipité de chlorure d'argent et on recueille le filtratum dans un vase sec. On prélève 50 c. c. de ce mélange qui représente 5 c. c. de suc gastrique et l'on détermine, à l'aide de la solution de sulfocyanure, la quantité d'argent restée en solution.

Cette quantité est égale à la somme que l'on obtient en soustrayant du nombre de centimètres cubes de solution argentique (20), le nombre de centimètres cubes de sulfocyanure employé × 2, et représente la totalité du chlore contenu dans les 10 c. c.

b) **Dosage du chlore combiné aux bases.** — On évapore à siccité, prudemment, au bain de sable, 10 c. c. du contenu gastrique; puis on calcine au rouge sombre, jusqu'au moment où le charbon ne brûle plus.

Dosage du chlore combiné aux bases.

Il faut éviter une calcination trop intense, car elle décompose les chlorures et met en liberté le chlore.

Après refroidissement, on triture le charbon avec un peu d'eau, on le lave soigneusement et l'on étend la solution à

4

100 c. c. On filtre, on ajoute à la liqueur 10 c. c. de solution de nitrate d'argent; on filtre de nouveau et l'on détermine, à l'aide de la solution de sulfocyanure, la quantité d'argent restée en solution.

La différence du nombre de centimètres cubes de la solution d'argent (10) et de la solution de sulfocyanure employé exprime la quantité d'argent restée en solution, c'est-à-dire la quantité de chlore métallique contenue dans 10 c. c.

En soustrayant ce dernier résultat du premier résultat obtenu et en multipliant ce résultat par 0.00365, on obtient la quantité d'acide chlorhydrique.

Méthode de Toepfer.

4. Méthode de Toepfer. — Toutes les méthodes que nous venons de décrire ont l'inconvénient d'exiger un outillage complet, tel qu'on n'en trouve que rarement dans les cliniques médicales, et de nécessiter un temps qui ne s'accommode guère aux exigences de la clinique.

Principe de la méthode. — La méthode de Toepfer repose sur la différence de sensibilité de différents indicateurs, soit en présence d'acides minéraux libres, soit en présence d'acides combinés, soit en présence d'acides organiques.

Ces indicateurs sont :

1° Le *diméthylamidoazobenzol*, qui passe du jaune au rouge en présence de traces d'acide chlorhydrique. Les acides organiques ne produisent ce virage qu'en solution assez concentrée et, en présence d'acide organique, d'albumine et de peptone, le virage fait totalement défaut. Ces qualités font de cet indicateur un agent très délicat de recherche de l'acide chlorhydrique libre.

2° La *phénolphtaléine*, sensible à tout facteur acide et, par conséquent, bon agent de recherche de l'acidité totale.

3° L'*alizarine*, sensible à tous les facteurs d'acidité, excepté l'acide chlorhydrique combiné à l'albumine.

Technique de la méthode. — On prélève donc 10 c. c. du suc à analyser, on y ajoute quelques gouttes de la solution de phénolphtaléine et on y laisse couler goutte à goutte de la solution décinormale de soude caustique jusqu'au moment où l'acidité est neutralisée, moment qu'indique le virage de la solution vers le rouge. On note la quantité de centimètres cubes nécessaire pour cette neutralisation. Cette valeur exprime l'acidité totale calculée en acide chlorhydrique.

On fait une deuxième analyse acidimétrique semblable à la précédente, en remplaçant la phénolphtaléine par quelques gouttes d'une solution d'alizarine. On note la quantité de soude nécessaire pour produire le virage de la solution au rouge. La différence entre l'analyse n° 1 et l'analyse n° 2 exprime en acide chlorhydrique la quantité d'acide combiné.

Par exemple : Dans un mélange comprenant 30 c. c. d'une solution à 0.5 °/₀ d'albumine de l'œuf; 10 c. c. d'une solution d'acide chlorhydrique; $^1/_4$ normal, c'est-à-dire 0.9 °/₀ HCl; 10 c. c. d'eau distillée.

La titration nous donne les valeurs suivantes pour 5 c. c. du mélange :

a) Phénolphtaléine : La neutralisation exige 2.85 c. c. de solution décinormale de soude caustique;

b) Alizarine : La neutralisation exige 2.6 c. c. de solution décinormale de soude caustique.

La différence entre *a* et *b* = 0.25 c. c. de solution décinormale de soude, c'est-à-dire 0gr.018 °/₀ d'acide chlorhydrique combiné.

On fait alors une troisième analyse acidimétrique semblable aux deux précédentes en prenant comme indicateur quelques gouttes de la solution de diméthylamidoazobenzol. On note le nombre de centimètres cubes de solution décinormale de soude nécessaire pour produire le virage du rouge au jaune. Cette quantité exprime la valeur en acide chlorhydrique libre.

Reprenons notre exemple :

c) Diméthylamidoazobenzol : La neutralisation de 5 c. c. de la solution exige 2.3 c. c. de solution décinormale de soude caustique, c'est-à-dire 0.00839, soit 0.168 °/o.

En additionnant l'acide libre et l'acide combiné : 0.168 + 0.018 = 0.186 °/o d'HCl.

Le calcul théorique donne 0.1824 °/o.

L'avantage de cette méthode est de réduire les opérations à trois recherches acidimétriques, faciles à faire et ne demandant qu'un laps de temps très court.

Méthode de Mintz.

5. Méthode de Mintz.

Principe de la méthode. — On neutralise, à l'aide de soude caustique, tout l'acide libre contenu dans le suc gastrique, c'est-à-dire jusqu'au moment où la réaction de Günsburg y donne un résultat négatif.

Technique. — On mesure, à l'aide de la pipette, 10 c. c. de suc gastrique et on y laisse s'écouler goutte à goutte de la solution décinormale de soude caustique; de temps à autre on prélève une goutte du mélange; on y ajoute une goutte de réactif de Günsburg et on chauffe prudemment sur une petite flamme; si la réaction est positive, c'est-à-dire si le résidu prend une coloration rouge vif, l'acide libre n'est pas encore complètement saturé et il faut continuer la neutralisation; si la réaction est négative, il faut s'assurer, par un deuxième essai, que l'on n'a pas dépassé le point voulu.

On calcule facilement la quantité d'acide libre; on multiplie 0.00365 par *n*, le nombre de centimètres cubes employé pour atteindre la neutralisation de l'acide libre.

Recherche de la pepsine dans les vomissements.

On prend 10 à 20 c. c. de matières vomies, on y ajoute 10 c. c. d'une solution d'acide chlorhydrique à 0.2 %; on y laisse tomber un petit flocon de fibrine lavé ou bien un petit cube de blanc d'œuf coagulé; on porte le mélange à 40° au bain-marie et on prolonge cette action pendant quelques heures. Le suc normal digère la fibrine en une demi-heure; l'action est plus lente pour le cube de blanc d'œuf.

Recherche de la pepsine dans les vomissements.

La présence de la pepsine se manifeste par la dissolution complète de l'albumine et par la formation de peptone.

Certains corps, tels que les gommes et les sucres, peuvent entraver la digestion. Il suffit pour s'en assurer de faire l'expérience suivante : On prépare trois ballons renfermant chacun une vingtaine de centimètres cubes du suc à analyser; à l'un d'eux, on ajoute une solution de sucre; à l'autre, une solution de gomme arabique, et on laisse le troisième intact; on y ajoute quelques flocons de fibrine et l'on met à l'étuve. On compare facilement la rapidité de formation de la peptone. La même méthode est valable pour apprécier le pouvoir digestif des échantillons de pepsine livrés par le commerce.

Nous indiquons plus loin la méthode à suivre pour la recherche de la peptone.

§ 2. — Étude des produits de la digestion.

L'albumine subit par l'action du suc gastrique, agissant à la température du corps, de profondes modifications. Ces modifications comportent la transformation de l'albumine insoluble, peu diffusible et non dialysable, en des substances solubles, diffusibles et qui traversent facilement les membranes organiques, capables, par conséquent, de traverser la paroi gastrique et d'atteindre les vaisseaux absorbants du réseau de la veine porte.

La nature intime de cette transformation n'est pas encore éclaircie et l'accord n'est pas établi d'une façon définitive sur le point de savoir si ces corps constituent des substances autres que l'albumine ou bien s'ils ne sont pas simplement une modification de l'état physique de celle-ci.

Si l'on met de la fibrine à digérer, en présence de suc gastrique artificiel, on constate tout d'abord que la fibrine se gonfle fortement, que les bords des flocons deviennent moins opaques et qu'après un temps variable (une demi-heure à quelques heures) elle se dissout. On obtient alors un liquide jaunâtre, louche, dans lequel nagent quelques débris qui résistent indéfiniment à l'action du suc gastrique.

Préparation du suc gastrique artificiel.

Suc gastrique artificiel.

Il suffit de préparer une solution d'acide chlorhydrique à 0.2 % et d'y ajouter de la pepsine du commerce.

On peut aussi extraire le ferment de l'estomac du porc fraîchement tué. On ouvre l'estomac, on l'étend sur une planchette avec la face péritonéale contre le bois, on rince la muqueuse à grande eau, puis on la dissèque soigneusement. On hache cette muqueuse, puis on la fait macérer pendant vingt-quatre à quarante-huit heures dans un litre d'eau acidulée de 8 à 10 c. c. d'acide chlorhydrique. La solution comprend alors à peu près 0.2 °/₀ d'acide. Le lendemain, on décante, on filtre à travers un linge fin, on fait un second, puis un troisième extrait que l'on réunit au premier.

Digestion artificielle.

Digestion artificielle.

Toute substance albuminoïde, le blanc d'œuf, la fibrine du sang, la chair musculaire, convient pour cette opération. Nous employons généralement la fibrine.

On lave sous un courant d'eau 200 grammes de fibrine jusqu'à ce que toute trace de sang ait disparu, on exprime l'eau et l'on introduit la fibrine dans un ballon bien lavé. On ajoute alors 1 $^1/_2$ litre de suc gastrique artificiel, on bouche le flacon à l'aide d'un tampon d'ouate et on le met à l'étuve chauffée à 37 à 40°.

Après un temps qui varie d'après la richesse en acide et d'après la température de l'étuve, on constate que la fibrine, qui s'était d'abord gonflée, s'est complètement dissoute. Il ne suffit pas que la fibrine soit dissoute pour que la digestion soit terminée, comme nous le verrons plus tard. Généralement vingt-quatre heures de digestion suffisent pour opérer la transformation de la fibrine. Cependant, si l'on veut récolter une quantité assez grande de peptone, il est bon de prolonger la digestion pendant quatre ou cinq jours. On se sert alors d'une étuve à température constante et l'on empêche la putréfaction de l'albumine par l'addition de quelques cristaux d'acide salicylique.

Meissner admettait dans la transformation de l'albumine trois stades distincts :

1° La parapeptone;

2° La métapeptone;

3° La peptone.

La parapeptone précipite de ses solutions par le sulfate de soude.

La métapeptone précipite par les acides quand les solutions sont d'abord débarrassées de la parapeptone.

La peptone comprend, d'après cet auteur, trois variétés :

a) Une peptone précipitée par le ferrocyanure de potassium en solution acétique. L'acide nitrique la précipite de ses solutions;

b) Une peptone précipitée par le ferrocyanure de potassium en solution acétique et restant indifférente en présence d'acide nitrique;

c) Une peptone ne précipitant pas par les réactifs.

Peptone de Kühne.

Peptone de Kühne. — Les recherches de Kühne et de ses élèves modifièrent la question. En se servant du sulfate d'ammoniaque en cristaux, ils purent différencier plus nettement la peptone de toutes les autres variétés d'albumine.

Ils réservèrent le nom de peptone à une substance albuminoïde non précipitée de ses solutions lorsqu'on sature celles-ci au moyen de cristaux de sulfate d'ammoniaque. Toutes les substances autres, très voisines des peptones et possédant un certain nombre de leurs caractères, furent rangées dans un autre groupe : les albumoses.

D'après ces données, le schéma de Meissner se trouva modifié et l'on admit que la fibrine, en présence du suc gastrique, se transforme en :

1° Syntonine ou acidalbumine;

2° Albumoses;

3° Peptones.

C'est cette classification qui, actuellement, est admise en général.

Préparation des différents termes de la digestion.

Schéma de la marche à suivre.

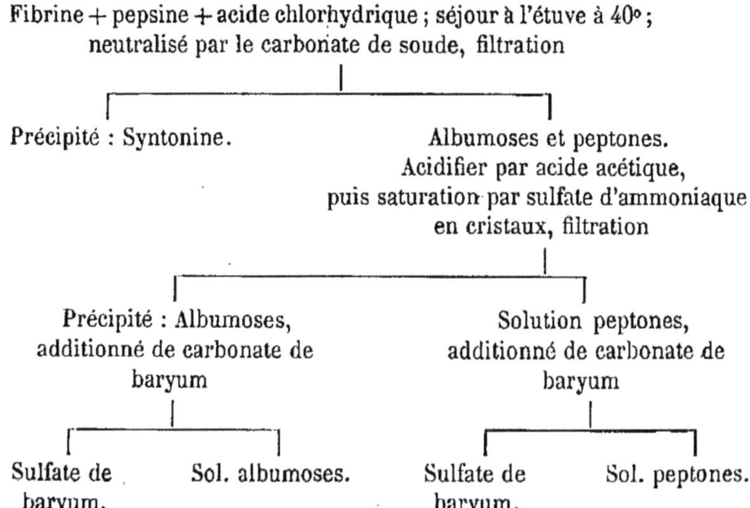

On additionne de carbonate de soude le liquide soumis à l'analyse jusqu'à apparition d'une réaction alcaline faible, et l'on agite avec une baguette de verre pour obtenir un mélange bien intime; dès que la réaction est devenue légèrement alcaline, il se forme un précipité floconneux, blanc (la syntonine).

Il faut se garder d'ajouter un excès de carbonate de soude; la syntonine se redissout dans un excès d'alcali et se transforme en albuminate alcalin.

Le mélange jeté sur un filtre plat se divise en syntonine retenue sur le filtre et en un liquide clair qui renferme les produits plus complètement élaborés.

On acidifie par l'acide acétique le filtratum, puis on le sature au moyen de sulfate d'ammoniaque en cristaux. Les albumoses se précipitent (sauf une partie de deutéroalbumose) et les peptones restent en solution.

Syntonine.

1. Préparation de la syntonine. — La syntonine s'est précipitée lors de la neutralisation du suc gastrique par le carbonate de soude.

Elle se présente sous la forme d'un précipité épais, floconneux, insoluble dans l'eau, soluble dans l'eau acidulée, dans les solutions alcalines. Elle précipite de ses solutions acides par saturation au moyen de sels neutres. Les alcalis caustiques en solutions concentrées la dissolvent et la transforment en albuminates alcalins.

Albumoses.

2. Préparation des albumoses. — On reprend le précipité d'albumoses dans une grande quantité d'eau; on débarrasse la solution du sulfate d'ammoniaque; on la fait bouillir en ajoutant peu à peu du carbonate de baryum. Le baryum se combine à l'acide sulfurique pour former du sulfate de baryum, l'ammoniaque devient libre. On continue ces opérations jusqu'au moment où tout l'ammoniaque s'est dégagé. On compense les pertes dues à l'évaporation en ajoutant de temps en temps de petites quantités d'eau distillée.

Les albumoses constituent un groupe de corps qui représentent les étapes de la transformation de l'albumine en peptone. On distingue les albumoses primaires et les albumoses secondaires.

Les albumoses primaires sont l'hétéro- et la protoalbumose, les albumoses secondaires sont la deutéroalbumose. Toutes ces variétés d'albumoses possèdent des caractères généraux communs à tous les corps des groupes et des caractères propres qui permettent de les différencier l'un de l'autre.

A. Caractères du groupe.

1° Toutes les variétés d'albumoses sont solubles dans l'eau. Le degré de solubilité augmente à mesure que la substance se rapproche de la peptone. L'hétéroalbumose est peu soluble dans l'eau; la protoalbumose et la deutéroalbumose se dissolvent bien.

2° Les solutions de toutes les variétés d'albumoses précipitent quand on les sature au moyen de cristaux de sulfate d'ammoniaque. Les albumoses primaires précipitent intégralement; les albumoses secondaires ne précipitent qu'incomplètement.

3° L'alcool précipite toutes les solutions *neutres* d'albumoses. En présence de solutions acides ou alcalines, l'alcool ne détermine aucun précipité.

Cette opération altère l'hétéroalbumose.

4° Les albumoses précipitent par le ferrocyanure de potassium et l'acide acétique. Ce précipité se redissout dans un excès d'acide; il se redissout aussi quand on chauffe la solution, pour reparaître par le refroidissement. On sait que l'albumine précipite aussi par le ferrocyanure de potassium et l'acide acétique, mais ce précipité reste insoluble à chaud.

5° Les solutions d'albumoses, acidulées par l'acide acétique, puis saturées de chlorure de sodium, se troublent. Ce trouble disparaît par la chaleur et reparaît par le refroidissement. L'acide nitrique possède la même action.

6° Les solutions d'albumoses précipitent par l'acide métaphosphorique et l'acide picrique. Ce dernier précipité se dissout à chaud, il reparaît par refroidissement.

7° De nombreux sels de métaux lourds précipitent l'albumose de ses solutions (sels de fer, sels de plomb, sels d'argent, etc.).

B. Caractères spéciaux.

Il est parfois utile de déterminer la nature de l'albumose.

1° Ces substances n'ont pas pour l'eau la même affinité (l'hétéroalbumose est peu soluble, la proto- et la deutéroalbumose se dissolvent bien).

2° En saturant la solution à l'aide de chlorure de sodium, on précipite complètement l'hétéroalbumose, incomplètement la protoalbumose, et pas du tout la deutéroalbumose.

3° Le précipité obtenu par le ferrocyanure et l'acide acétique en présence d'albumoses se comporte différemment si l'on fait agir le chlorure de sodium. Le précipité des albumoses secondaires se dissout, celui des albumoses primaires reste indifférent.

En résumé, les caractères principaux sont :

1° En solution acide, elles précipitent par la saturation au moyen de sulfate d'ammoniaque en cristaux.

2° Elles précipitent par le ferrocyanure de potassium et

l'acide acétique. Ces précipités se dissolvent à chaud et reparaissent par refroidissement.

3° L'acide nitrique concentré, l'acide acétique et le chlorure de sodium déterminent un précipité soluble à chaud et reparaissant par le refroidissement.

4° Elles donnent la réaction du biuret qui s'obtient en additionnant la solution de quelques gouttes d'une solution de sulfate cuivrique très diluée, après avoir fortement alcalinisé.

5. **Préparation de la peptone.** — Après avoir séparé de la solution les albumoses au moyen du sulfate d'ammoniaque, on obtient un filtratum clair qui renferme les peptones et une grande quantité de sulfate d'ammoniaque. Peptone.

On se débarrasse de ce sel en faisant bouillir la solution avec du carbonate de baryum et l'on filtre ; le sulfate de baryum formé reste sur le filtre, la peptone passe dans le filtratum dans un état de pureté suffisant pour permettre l'étude des caractères de ce corps.

Caractères de la peptone. — Selon la formule de Kühne, on donne le nom de peptone à une variété de substance albuminoïde qui ne se précipite pas de ses solutions par la saturation au moyen de sulfate d'ammoniaque en cristaux.

La peptone est amorphe, très hygroscopique, soluble dans l'eau avec dégagement de chaleur, soluble aussi dans une solution saturée de sulfate d'ammoniaque.

Elle précipite complètement par le tannin, par l'iodure double de mercure et de potassium (en présence d'acide chlorhydrique). Elle précipite incomplètement par l'acide phosphotungstique et phosphomolybdique en présence d'acides minéraux.

Le réactif d'Esbach donne un précipité qui se redissout à chaud.

L'acétate basique de plomb, le chlorure mercurique la précipitent abondamment. Le sous-acétate de plomb la précipite incomplètement.

Le sulfate de cuivre, le chlorure de platine, l'acide chromique, le perchlorure de fer ne la précipitent pas.

Le réactif de Millon détermine un abondant précipité blanc qui devient rouge par la chaleur.

Certaines réactions colorantes permettent aussi de la caractériser :

α) On ajoute à la solution de peptone 1 c. c. d'un mélange d'acide acétique glacial et d'acide sulfurique (5 c. c. d'acide acétique + 5 c. c. d'acide sulfurique); la solution se colore en violet.

β) La réaction du biuret.

On alcalinise fortement à l'aide de soude caustique et l'on ajoute goutte à goutte une solution très étendue de sulfate cuivrique; la peptone détermine dans ces conditions une coloration rose, fleur de pêcher.

La peptone produite par la digestion gastrique est de l'*amphopeptone;* nous verrons plus loin que la trypsine transforme aussi les albumines et produit de l'*antipeptone.*

Amphopeptone. L'amphopeptone se produit principalement par l'action digestive du suc gastrique, l'antipeptone résulte de l'action de la trypsine.

L'amphopeptone se décompose facilement par l'action du ferment pancréatique; elle fournit de notables quantités d'acides amidés (leucine, tyrosine) et de l'antipeptone. L'ébullition, en présence d'acide sulfurique dilué, la décompose aussi dans les mêmes éléments.

Le réactif de Millon forme un précipité blanc qui devient rouge par la chaleur.

L'antipeptone n'est nullement attaquée par la trypsine; l'ébullition avec l'acide sulfurique dilué ne fournit que très peu ou pas de tyrosine. Le réactif de Millon ne détermine point la formation d'un précipité rouge, mais d'un précipité jaune sale. Antipeptone.

CHAPITRE IV.

DIGESTION PANCRÉATIQUE.

Le suc pancréatique exerce sur le bol alimentaire une triple action : il transforme les substances protéiques en peptones et même en leurs sous-produits, tels que la leucine et la tyrosine; il émulsionne et saponifie les graisses; il transforme les féculents et les dextrines en sucre.

Cette triple action n'est pas le fait d'un ferment unique; le suc pancréatique renferme trois principes actifs distincts l'un de l'autre : la *trypsine*, ferment qui transforme les substances albuminoïdes en peptones; l'*amylopsine*, qui saccharifie l'amidon; la *stéapsine*, qui émulsionne et saponifie les graisses.

Ces différents ferments peuvent être extraits et préparés soit isolément par des méthodes spéciales, soit globalement par la seule action de l'eau.

Préparation simultanée des trois ferments.

Extrait aqueux de pancréas.

Cette préparation livre en quelque sorte du suc pancréatique artificiel et, en étudiant les propriétés de ce liquide, on se place dans des conditions expérimentales analogues à celles que réalise la fistule pancréatique.

On débarrasse un pancréas frais de la graisse et du tissu conjonctif qui l'entourent; on le coupe en petits morceaux que l'on fait macérer dans de l'eau distillée froide. On empêche très facilement la putréfaction soit par l'addition de 1 % de fluorure de sodium, soit par l'addition d'acide salicylique, ou de sublimé corrosif en poudre fine. Cette macération possède la triple fonction du suc pancréatique.

§ 1. — Ferment digestif. — La trypsine.

Préparation de la trypsine ; méthode de Kühne.

Préparation de la trypsine.

On broie avec du verre et de l'alcool absolu un pancréas frais finement divisé. On dissout dans l'eau à 0° le précipité formé et on le précipite de nouveau par l'alcool. On renouvelle cette opération à plusieurs reprises. Le ferment est alors encore assez impur ; il renferme une substance particulière dont on le débarrasse en acidifiant la solution aqueuse de 1 % d'acide acétique. Après cette purification, on précipite de nouveau le ferment par l'alcool.

Le même auteur a préconisé un autre mode de préparation du ferment. On fait agir sur 100 grammes de pancréas bien divisé, de l'alcool et de l'éther, puis on fait macérer cette masse, après décantation de l'alcool, avec 500 c. c. d'une solution à 0.1 % d'acide salicylique pendant douze heures à 40°. On filtre à travers un linge et l'on fait macérer le résidu de cette séparation avec 500 c. c. d'une solution de soude à 0.25 % pendant douze heures, en ayant soin de thymoliser la solution. Après filtration, on mélange les deux solutions.

Produits de la digestion par la trypsine.

Digestion par la trypsine.

Pour étudier en détail l'action de la trypsine sur les substances albuminoïdes, il est indispensable d'avoir recours au ferment isolé plutôt qu'aux macérations de la glande dans l'eau. En effet, pendant la macération, le ferment agit déjà sur le tissu même de la glande et en transforme la substance en peptone : on trouve donc déjà dans cette macération de l'organe les principaux produits que l'on doit rechercher pour caractériser l'action du ferment.

La trypsine agit sur les substances albuminoïdes qu'elle dissout rapidement et qu'elle transforme de la façon la plus rapide lorsque le milieu est légèrement alcalin. La température de choix est de 37° à 40°.

Ce ferment transforme la fibrine en une globuline, en albumoses, puis en peptone, puis en acides amidés (leucine et tyrosine). Il agit d'une façon analogue sur la gélatine qu'il dissout rapidement et qu'il transforme en glutose, en gélatine peptone et en acides amidés (glycocolle).

Nous nous bornerons à étudier l'action du ferment sur les substances albuminoïdes.

Schéma de la séparation des produits de la protéolyse.

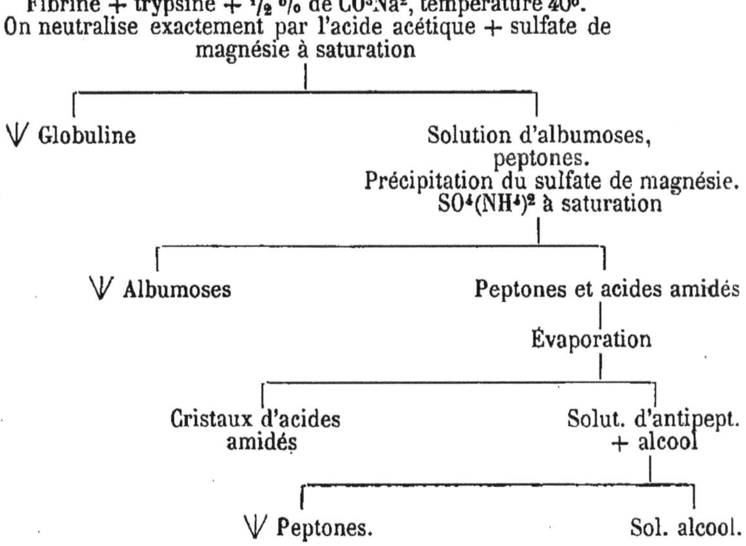

On soumet pendant quelques heures (deux à trois), à une température de 40°, de la fibrine bien lavée et finement hachée à l'action de la trypsine. On ajoute au mélange une faible quantité de carbonate de soude pour favoriser l'action du ferment (1/2 %) et l'on empêche la pullulation de microorganismes par la présence d'un cristal de thymol. La fibrine se dissout rapidement et subit les transformations énoncées ci-dessus. On arrête l'action du ferment en acidulant légèrement à l'aide d'acide acétique et l'on sature la liqueur au moyen de sulfate de magnésie en cristaux. La globuline qui a pris naissance se précipite; on filtre, on lave le précipité sur le filtre à l'aide d'une solution saturée de sulfate de magnésie et l'on exprime à la main ou à la presse. Les autres produits de transformation passent dans le filtratum.

Globuline. **Préparation de la globuline.** — On reprend le précipité, on le divise dans l'eau et l'on élimine le sulfate de magnésie par dialyse. On continue l'action de la dialyse jusqu'au moment où tous les sels ont traversé la membrane. A mesure que la solution s'appauvrit de sels, la globuline se précipite. Lorsque la dialyse est terminée, on reprend le précipité dans une solution de NaCl à 10 % et l'on en étudie les propriétés principales. (Voir chap. VI.)

Albumoses. **Préparation des albumoses.** — Les produits plus avancés de l'action de la trypsine sur la fibrine ont passé dans le filtratum. On débarrasse d'abord la liqueur du sulfate de magnésie; dans ce but, on porte la liqueur à l'ébullition, on y ajoute du carbonate de baryum jusqu'au moment où la solution ne renferme plus de sulfates. On s'assure qu'il en est ainsi par l'action du chlorure de baryum. Puis on en sépare les albumoses; à cet effet, on sature la solution à l'aide de cristaux de sulfate d'ammoniaque; les albumoses se précipitent : on filtre, on lave le précipité sur le filtre à l'aide d'une solution saturée de sulfate d'ammoniaque.

On élimine le sulfate d'ammoniaque par dialyse dans l'eau courante, que l'on prolonge jusqu'à disparition complète du sel, et l'on étudie les caractères des albumoses. (Voir chap. III : Digestion gastrique.)

Antipeptone. — La peptone et les produits plus avancés passent dans le filtratum. Antipeptone.

La peptone produite par l'action de la trypsine n'est pas identique à la peptone produite par l'action du suc gastrique. S'agit-il de corps chimiquement différents? Nous n'en savons rien. Kühne a donné à la peptone gastrique le nom d'amphopeptone. Celle-ci est attaquée par la trypsine et donne naissance à de la leucine et de la tyrosine.

Il donne, par contre, le nom d'antipeptone à la peptone produite par l'action de la trypsine. Celle-ci résiste à l'action de ce ferment et ne peut être transformée par lui en acide amidé.

Pour obtenir une quantité suffisante d'antipeptone, il faut prolonger l'action du ferment pendant cinq ou six jours et empêcher la putréfaction par la présence de thymol.

Préparation de l'antipeptone. — On débarrasse le filtratum de l'excès de sulfate d'ammoniaque qu'il renferme. On porte la liqueur à l'ébullition, on y ajoute du carbonate de baryum en agitant le mélange. On filtre pour séparer le sulfate de baryte et on précipite l'excès de baryum dans le filtratum par addition, goutte à goutte, d'acide sulfurique dilué ; on filtre de nouveau et on évapore le filtratum à basse température : les acides amidés (leucine et tyrosine) se prennent en cristaux ; on sépare les eaux mères par filtration ou par décantation ; on acidule d'acide acétique ; on précipite par l'alcool ; on redissout et reprécipite à plusieurs reprises pour séparer complètement des dernières traces d'acides amidés, puis on dessèche dans le vide sur acide sulfurique ou bien à l'étuve à 110°.

L'antipeptone possède les mêmes propriétés que l'amphopeptone ; elle s'en différencie surtout par la résistance qu'elle présente à l'action de la trypsine. Par l'ébullition avec de l'acide sulfurique, elle ne livre que peu ou pas de tyrosine et ne fournit pas avec le réactif de Millon la coloration rouge net que donne l'amphopeptone, mais seulement une coloration qui varie du jaune sale au brun jaunâtre. Nous avons vu ailleurs que l'amphopeptone produit par l'ébullition avec de l'acide sulfurique de notables quantités de tyrosine, et avec le réactif de Millon, une coloration rouge pourpre intense.

Acides amidés. **Préparation des acides amidés.** — Nous venons de voir comment on peut séparer ces corps de l'antipeptone ; on peut aussi séparer l'une de l'autre la leucine et la tyrosine qui ont pris naissance.

On dissout la masse cristalline dans l'eau bouillante alcalinisée par l'ammoniaque et, tout en agitant la liqueur, on y ajoute de l'acétate basique de plomb jusqu'au moment où le précipité que produit ce sel n'est plus brunâtre, mais bien blanc ; on filtre ; on acidule le filtratum chaud par de l'acide sulfurique dilué ; on sépare le sulfate de plomb par filtration ;

on laisse refroidir et l'on abandonne le filtratum à la cristallisation : la tyrosine se prend en cristaux et s'élimine presque complètement.

On décante les eaux mères; on précipite l'excès de plomb par un courant d'hydrogène sulfuré, on filtre, on évapore et l'on fait bouillir pendant deux minutes environ avec de l'oxyde de cuivre hydraté. On traite à chaud par un courant d'hydrogène sulfuré, on filtre, on évapore et l'on abandonne à la cristallisation.

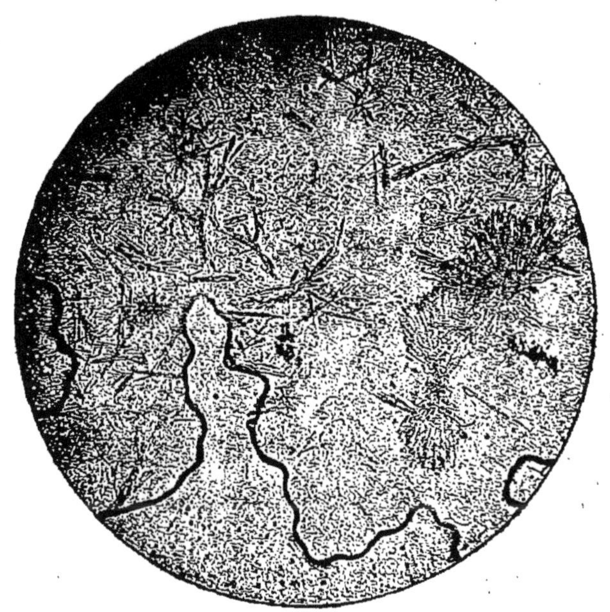

Cristaux de tyrosine et de leucine.

Tyrosine. — *Acide paraoxyphénilamidopropionique* $C_6H_4<{OH \atop CH^2CH(NH_2)COOH}$. — La tyrosine cristallise en fines aiguilles brillantes, incolores, agglomérées en houppes. Elle Tyrosine.

est peu soluble dans l'eau froide, un peu plus soluble dans l'eau chaude, insoluble dans l'alcool absolu et dans l'éther. Elle se dissout dans les alcalis caustiques et dans les solutions de carbonates alcalins ; elle se dissout aussi dans les acides minéraux étendus et difficilement dans l'acide acétique.

Réactions. — 1° L'ébullition avec le réactif de Millon colore la solution de tyrosine en rouge intense.

2° *Réaction de Piria.* — On dissout la tyrosine dans un peu d'acide sulfurique, on chauffe pendant quelque temps au bain-marie; il se forme une combinaison dont la solution, neutralisée par du carbonate de baryte et filtrée, prend, en présence de perchlorure de fer, une coloration violette.

Leucine. **Leucine.** — *Acide amidocaproniqué* $CH^3—(CH^2)^3.CH(NH^2)COOH$. — La leucine cristallise en petites lames d'un blanc brillant et parfois, surtout quand elle est impure, sous l'aspect de petites sphères rondes, analogues à celles que présente l'acide urique. Elle se dissout assez bien dans l'eau froide, mieux dans l'eau chaude, presque pas dans l'alcool. Quand elle est impure, elle est beaucoup plus soluble. Elle se dissout bien dans les alcalis caustiques et les solutions des carbonates alcalins ainsi que dans les acides minéraux concentrés. Prudemment chauffée, elle se sublime à 170° et se présente sous l'aspect de masses laineuses.

Réactions :

1° *Réaction de Scherer.* — On évapore prudemment sur une lame de platine de la leucine et de l'acide nitrique. La leucine laisse un résidu imperceptible, incolore, qui, chauffé avec quelques gouttes d'une solution de soude caustique, prend une couleur qui varie du jaune au brun. Si l'on chauffe davantage, ce résidu se transforme en une gouttelette oléagineuse qui n'adhère pas au métal.

2° On chauffe de la leucine dans un tube à essai; elle se sublime et cristallise, dans les parties froides du tube, en masses d'un blanc laineux et dégage en même temps l'odeur de l'amylamine.

§ 2. — Ferment diastasique. — Amylopsine.

Préparation du ferment diastasique.

Amylopsine.

La nature du ferment diastasique n'est point encore déterminée comme l'est celle de la trypsine. On n'est pas encore parvenu à isoler le ferment à l'état de pureté; on peut cependant l'extraire de la glande en un état suffisant pour en étudier l'action; pour cela, on traite par l'alcool le pancréas haché; on dissout dans la glycérine le précipité formé, on précipite à nouveau par l'alcool et on isole le ferment.

Ce ferment est soluble dans l'eau, dans la glycérine; insoluble dans l'alcool; diffusible. Son action est ruinée par l'action des acides forts et des alcalis caustiques. Une température supérieure à 70° le détruit. Pour les diastases d'origine animale, la température la plus favorable à l'action du ferment est aux environs de 40°.

On peut toutefois, sans avoir recours à l'extraction du ferment, en étudier les propriétés diastasiques en se servant de la macération aqueuse de la glande. Cette macération contient en effet une notable quantité d'amylopsine.

Action du ferment sur l'amidon cuit.

Saccharification par l'amylopsine.

Le ferment diastasique transforme rapidement l'amidon cuit en dextrine et en un sucre fermentescible, doué d'un pouvoir rotatoire intense, la maltose; si l'on prolonge la durée d'action, on consate aussi la formation de glucose et d'isomaltose.

On fait digérer à une température de 35° à 40° de l'amidon cuit, dilué soit avec la macération aqueuse du pancréas, soit avec une solution de ferment.

Dès les premières minutes, l'action du ferment se manifeste : la solution d'amidon perd son opalescence et devient transparente. L'amidon s'est transformé en donnant naissance à des dextrines. Cette transformation se traduit aussi par une modification des caractères chimiques; l'iode ne colore plus la solution en bleu, il lui donne une coloration brun-acajou et même ne la colore plus; de plus, la solution, primitivement indifférente en présence du réactif cupro-alcalin, réduit la liqueur de Trommer et fermente en présence de levure de bière.

On peut schématiser ces transformations de la façon suivante :

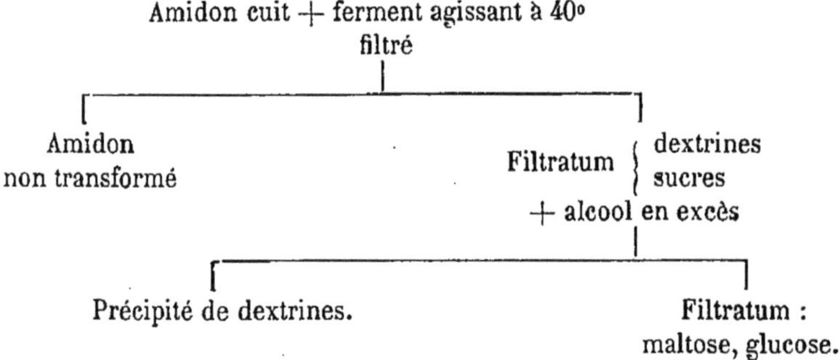

L'action du ferment pancréatique est semblable à celle de la ptyaline, mais elle est plus énergique et plus rapide. La maltose $(C^6H^{10}O^5)^2$ appartient au groupe des bioses.

Nous avons indiqué plus haut les caractères de ces différents groupes de corps; nous nous bornerons à indiquer ici le moyen de séparer l'une de l'autre et de reconnaître les deux variétés de sucres qui ont pris naissance. Maltose, glucose.

On évapore au bain-marie pour chasser l'alcool et on réduit par évaporation au $^{1}/_{10}$ du volume primitif.

On ajoute à la liqueur refroidie 10 grammes de chlorhydrate de phénylhydrazine et 20 grammes d'acétate de soude; on mélange intimement et on chauffe dans un verre de Bohême couvert au bain-marie pendant une heure et demie. Au bout de ce temps, on filtre la liqueur chaude. L'osazone de la glucose reste sur le filtre, celle de la maltose passe en solution et ne se précipite que par refroidissement.

On reconnaît ces composés à leur forme cristalline ainsi qu'à leur point de fusion et à leur teneur en azote.

§ 3. — Ferment saponifiant. — Stéapsine.

Ce ferment est le moins connu des trois ferments pancréatiques; il est instable, difficile à isoler. Il passe néanmoins dans les macérations aqueuses du pancréas en quantité suffisante pour qu'on puisse en étudier l'action. Il émulsionne les graisses et les saponifie, c'est-à-dire qu'il décompose les éthers d'acides gras, en acides gras libres et en glycérine. Stéapsine.

Il suit de cette action même que pour mettre en lumière l'action de ce ferment, il faut agir avec une graisse préalablement débarrassée de ses acides gras libres. Saponification par la stéapsine.

Pour la préparer, on dissout de l'huile d'olive dans l'éther sulfurique; on agite cette solution éthérée dans une solution de soude caustique; on décante l'éther, on le lave à l'eau, puis on l'évapore. Le résidu est la graisse privée d'acides libres.

On mélange intimement des volumes égaux de cette graisse et du liquide dont on veut étudier les propriétés saponifiantes; on agite de temps en temps le mélange et l'on maintient à 40° pendant cinq ou six heures l'émulsion fine qui s'est produite.

Extraction des acides gras libérés.

Acides gras. On ajoute à l'émulsion de la soude caustique et de l'éther, on agite modérément et, lorsque la séparation des liquides s'est opérée, on décante l'éther qui entraîne la graisse non transformée.

On reprend la solution alcaline; on l'acidule nettement à l'aide d'acide sulfurique dilué, on reprend par l'éther à plusieurs reprises, on réunit les extraits éthérés, on laisse évaporer l'éther et l'on recherche dans le résidu la présence d'acides gras libres.

Pour séparer les différents acides gras, on maintient le résidu graisseux pendant deux ou trois heures à une température de 20°; la palmitine et la stéarine cristallisent. On sépare les cristaux, on les lave à l'alcool ordinaire froid et l'on exprime la masse. On chasse l'alcool par évaporation lente. Celui-ci laisse un résidu huileux ne cristallisant pas : l'oléine.

L'oléine, $C_3H_5(C_{18}H_{33}O_2)^3$, est une huile incolore, jaunissant à l'air; elle est peu soluble dans l'alcool ordinaire froid, assez soluble dans l'alcool absolu, très soluble dans l'éther sulfurique.

Le mélange de palmitine et de stéarine cristallise sous une forme spéciale : sphères composées de petites plaques ou d'aiguilles irradiées autour d'un point central.

CHAPITRE V.

LA BILE.

MARCHE SYSTÉMATIQUE DANS L'ANALYSE D'UN CALCUL BILIAIRE.

La bile renferme un pigment, des savons dissous, des sels d'acides spéciaux (les acides biliaires), de la cholestérine.

Pour séparer l'un de l'autre ces divers corps, on suit la marche suivante :

Schéma de la marche à suivre.

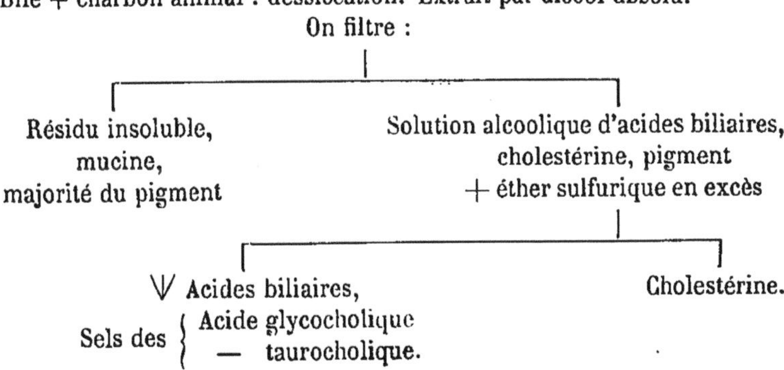

On évapore au bain-marie 100 c. c. environ de bile de bœuf, additionnée de charbon animal. On fait ensuite bouillir le résidu avec de l'alcool absolu et l'on filtre. Le filtre retient la mucine et laisse passer la liqueur alcoolique renfermant les acides biliaires et la cholestérine.

On ajoute au filtratum limpide de l'éther sulfurique, jusqu'au moment où le précipité produit ne se dissout plus. (Acides biliaires.)

On filtre; la cholestérine passe dans le filtratum; on abandonne cette solution à cristallisation.

Mucine.

1. Mucine. — Elle est identique à la mucine de la salive, c'est-à-dire qu'elle précipite par l'acide acétique concentré et qu'elle se décompose en présence d'acide chlorhydrique ou d'acide sulfurique en deux corps, dont l'un réduit les liqueurs cupro-alcalines.

2. Acides biliaires. — Pour les séparer de la cholestérine dissoute, on ajoute un excès d'éther, on couvre, on laisse sédimenter, on filtre. Le filtre retient les acides biliaires : *bile cristallisée de Plattner.*

Les acides biliaires sont l'acide glycocholique et l'acide taurocholique, c'est-à-dire la combinaison du glycocolle et de la taurine avec l'acide cholalique, le véritable acide de la bile.

Acide glycocholique.

1. *Acide glycocholique.* — Cristallise en aiguilles soyeuses, peu solubles dans l'eau froide, plus solubles dans l'eau chaude, solubles dans l'alcool fort, insolubles dans l'éther. C'est un acide assez énergique; il décompose les carbonates alcalins et forme des glycocholates alcalins. En présence d'acétate de plomb, il forme un sel plombique insoluble.

L'ébullition prolongée avec l'acide chlorhydrique faible, avec l'acide sulfurique dilué, avec les alcalis caustiques, l'hydrate de baryum le décompose en ses constituants, le glycocolle, $C^2H^5NO^2$ (acide amido-acétique), et l'acide cholalique, $C^{25}H^{40}O^5$.

2. *Acide taurocholique.* — Cristallise en fins cristaux soyeux très instables, déliquescents à l'air, solubles dans l'eau, dans l'alcool, insolubles dans l'éther. Acide taurocholique.

En présence de sels de plomb, il ne précipite qu'en milieu alcalin. Cet acide se décompose facilement en ses constituants : la taurine, $C^2H^7NSO^3$, et l'acide cholalique, $C^{25}H^{40}O^5$.

3. *Acide cholalique.* — *Extraction de l'acide cholalique.* — C'est à Mylius que l'on doit la meilleure méthode d'extraction de l'acide cholalique. Acide cholalique.

Méthode de Mylius. — On fait agir sur la bile de bœuf une solution concentrée de soude caustique à 30 % (le tiers du volume) et l'on chauffe à l'ébullition pendant vingt-quatre heures, en ayant soin d'ajouter de temps à autre de petites quantités d'eau distillée pour compenser les pertes de l'évaporation. On sature la liqueur fortement alcaline à l'aide d'un courant d'acide carbonique et l'on évapore presque à siccité, puis on reprend le résidu par l'alcool fort. Ce dernier dissout le cholate de soude ainsi que des stéarates et choleinates de soude. Ceux-ci se précipitent si l'on dilue l'extrait alcoolique. On filtre s'il y a lieu, puis on précipite par le chlorure de baryum, jusqu'à ce qu'il ne se forme plus de précipité; on filtre; on reprend par l'acide chlorhydrique qui précipite l'acide cholalique, on laisse reposer pendant quelques heures jusqu'à cristallisation. On reprend la masse cristallisée par l'alcool et on fait recristalliser lentement. Préparation de l'acide cholalique.

L'acide cholalique cristallise en tétraèdres ou en octaèdres incolores qui perdent leur eau de cristallisation à l'air et par la chaleur (130°). Cet acide est peu soluble dans l'eau froide (1 pour 4000), un peu plus soluble dans l'eau chaude (1 p. 750).

Par oxydation, il donne naissance à son anhydride : la *dislysine.*

On peut en outre caractériser cet acide par les réactions suivantes :

a) **Réaction de Mylius.** — On dissout 2 centigrammes environ d'acide dans 50 c. c. d'alcool. On ajoute 1 c. c. d'une solution d'iode au dixième normal, puis on dilue avec de l'eau distillée. Le liquide brunâtre se prend en une masse sombre, formée de cristaux microscopiques, jaunes à la lumière réfléchie, bleus à la lumière transmise.

b) **Réaction de Pettenkofer.** — On ajoute lentement à une solution d'acide biliaire, de l'acide sulfurique, de façon à ne pas trop échauffer le récipient; on laisse alors tomber cinq à six gouttes d'une solution concentrée de sucre de canne, et l'on agite; le mélange prend une coloration rouge pourpre qui passe bientôt au violet. Cette réaction est due à la transformation du sucre en furfurol.

Taurine.

3. **Taurine** $C^2H^4<^{NH^2}_{SO^3H}$. — *Préparation de la taurine.* — On mélange de la bile de bœuf avec un excès d'acide chlorhydrique concentré; on filtre; on chauffe le mélange jusque près de l'ébullition en l'évaporant.

On sépare par décantation les parties claires de la solution fortement acide, d'un résidu résinoïde formé par l'acide choloïdinique, et l'on continue l'évaporation jusqu'au moment où commence la cristallisation du chlorure de sodium. On laisse alors refroidir et l'on traite les eaux mères par de l'alcool fort qui précipite la taurine et le glycocolle, ainsi qu'un peu de chlorure de sodium.

On lave le précipité à l'alcool, on le sèche, on le redissout dans une très faible quantité d'eau bouillante et on laisse cristalliser.

Propriétés de la taurine. — La taurine cristallise en gros prismes quadrangulaires ou hexagonaux, terminés en pyramides à quatre ou six pans. Elle se dissout difficilement dans l'eau froide, plus facilement dans l'eau chaude, dans les solutions alcalines; elle se dissout peu dans l'alcool dilué, pas du tout dans l'alcool absolu ni dans l'éther.

La présence de soufre peut servir à caractériser la taurine.

On mélange dans un mortier de la taurine avec du carbonate de soude (une quantité environ dix fois plus grande) et du nitrate de soude (une quantité cinq fois plus grande).

On porte le mélange dans un creuset en platine et on le fond jusqu'au moment où il prend une teinte claire et ne renferme plus de charbon.

On laisse refroidir, on reprend la masse dans l'eau acidulée d'acide chlorhydrique, puis on filtre et l'on ajoute quelques gouttes d'une solution à 10 °/₀ de chlorure de baryum.

En présence de soufre, il se forme dans la liqueur un précipité de sulfate de baryum, insoluble dans l'eau.

4. **Glycocolle** (*acide amido-acétique*) $\left[\begin{array}{l}CH^2NH^2\\COOH.\end{array}\right.$ — Se présente sous l'aspect de gros prismes rhomboédriques, incolores, de Glycocolle.

saveur douceâtre. Ils sont solubles dans l'eau, insolubles dans l'alcool et dans l'éther.

Ce corps possède les propriétés d'un acide, c'est-à-dire qu'il se combine aux sels alcalins et aux oxydes métalliques; il possède aussi par son côté amidé les propriétés d'une base; il se combine aux acides minéraux en donnant des combinaisons cristallines.

Il brunit à 228° et fond à 232°-236° en se décomposant.

Le perchlorure de fer colore ses solutions en rouge. L'hydrate cuivrique se dissout dans des solutions chaudes de glycocolle, qui par refroidissement laisse cristalliser de fines aiguilles de glycocolate de cuivre.

Cholestérine.

5. **Cholestérine** $C^{26}H^{43}OH$. — *Préparation.* — Après avoir séparé le précipité que donne l'addition d'éther dans la solution alcoolique de bile, on évapore le filtratum clair. Le résidu de cette évaporation est de la cholestérine brute : on la reprend dans une solution alcoolique de potasse caustique, on abandonne à l'évaporation, on lave le résidu cristallin à l'alcool froid, puis à l'eau et l'on dessèche sur l'acide sulfurique.

La nature du dissolvant exerce une influence sur la forme cristalline: par évaporation des solutions éthérées, la cholestérine cristallise en fines aiguilles; la solution dans l'alcool bouillant la donne sous une forme cristalline différente : grandes tables rhomboédriques s'imbriquant et renfermant de l'eau de cristallisation. C'est sous cette dernière forme qu'on l'obtient ordinairement.

Elle est insoluble dans l'eau, les acides, les alcalis concentrés et l'alcool froid. Soluble dans l'alcool bouillant, l'éther, le chloroforme, le benzol, toutes les huiles grasses et les huiles essentielles. Moins soluble dans les solutions d'acides biliaires. Elle dévie la lumière polarisée vers la gauche, fond à 145° et distille dans le vide à 360°. Elle est très stable; l'ébullition avec des alcalis caustiques ne la modifie pas. L'acide sulfurique donne naissance à une masse rouge qui

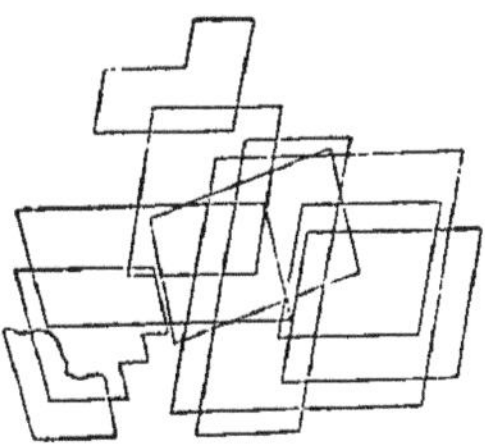

Cristaux de cholestérine.

verdit et puis jaunit par l'eau. Il se forme ainsi des isomères (cholestériline). L'acide phosphorique vitreux agit à peu près de même (cholestérone). Le chromate de potassium et l'acide sulfurique donnent un acide qui ne cristallise pas et qui répond à la formule $C^{24}H^{40}O^{6}$.

La cholestérine se caractérise par de nombreuses réactions.

Réactions. — 1° En présence d'acide sulfurique et d'iode, la cholestérine prend successivement les couleurs violet, bleu, vert, rouge. Cette réaction est très sensible; elle est très bien applicable sous le microscope.

2° On dissout de la cholestérine dans du chloroforme; on y ajoute une quantité équivalente d'acide sulfurique; le chloroforme se colore en rose; cette coloration se fonce et donne une teinte rouge. Si l'on verse alors dans une capsule en porcelaine, le chloroforme devient bleu, vert, jaune, l'acide gagne le fond du récipient et prend un aspect dichroïque.

3° *Réaction de Liebermann*. — Si l'on place quelques cristaux de cholestérine dans un tube bien sec, qu'on y ajoute deux ou trois gouttes d'anhydride acétique et quelques gouttes d'acide sulfurique concentré, on voit apparaître successivement les couleurs rose, bleue, puis verte. Si la quantité de cholestérine est très faible, la couleur verte seule se montre.

4° On évapore prudemment sur une lamelle de porcelaine de la cholestérine et de l'acide nitrique concentré; le résidu forme une tache jaune; si, sans laisser refroidir, on y ajoute de l'ammoniaque, la coloration devient rouge.

5° Si l'on chauffe à feu rouge, sur une lame de porcelaine, de la cholestérine et de l'acide chlorhydrique renfermant du perchlorure de fer, l'on voit apparaître une coloration rougeâtre, puis violette, virant vers le bleu. La présence d'impuretés dans la cholestérine entrave la réaction.

Il existe dans le règne végétal et animal des isomères de la cholestérine. Ce sont : l'*isocholestérine* de Schultz, extraite de la lanoline. Elle fond à 138°-138°.5; elle est dextrogyre. On a isolé aussi trois isomères végétaux dont le point de fusion et le pouvoir rotatoire sont différents de ceux de la cholestérine vraie.

Pigment biliaire.

6. Pigment biliaire. — Le pigment biliaire se rencontre principalement sous la forme de bilirubine et de biliverdine.

Préparation du pigment biliaire. — On dissout le calcul qui renferme de la bilirubine dans l'éther, jusqu'à ce que l'éther ne dissolve plus rien. Si l'on agit sur de la bile, on épuise le résidu par de l'éther jusqu'à ce que ce véhicule n'entraîne plus de pigment.

On reprend par l'eau, puis par l'acide chlorhydrique dilué le résidu insoluble; on le dissout alors dans le chloroforme chaud; on chasse le chloroforme par évaporation, la bilirubine cristallise.

La majeure partie de ces corps est retenue sur le filtre lors de la décoloration par le noir animal; une faible partie se dissout dans l'alcool à la faveur de la dissolution de la cholestérine et des acides biliaires. On reprend le magma de noir animal, on l'épuise à plusieurs reprises à l'aide de chloroforme, on filtre, on évapore la solution chloroformique. On lave à l'alcool et l'éther, puis on redissout dans le chloroforme et l'on précipite le pigment par l'alcool.

La *bilirubine* ($C_{32}H_{36}N_4O_6$) est une poudre amorphe, jaune, rougeâtre, insoluble dans l'eau, dans l'alcool, dans l'éther; soluble dans le chloroforme, dans le sulfure de carbone. L'évaporation lente de ces solutions la livre sous la forme de cristaux prismatiques. Elle se dissout bien dans des solutions étendues de soude caustique.

Elle présente les réactions suivantes :

1° *Réaction de Tiedemann et Gmelin.* — On laisse écouler prudemment quelques gouttes de la solution alcaline de bilirubine le long des parois d'un tube à essai contenant de l'acide nitrique chargé de vapeurs nitreuses, de façon que les liquides se superposent sans se mélanger; on voit apparaître alors, au point de contact des deux liquides, une série d'anneaux colorés en vert, bleu, violet, rouge, jaune.

2° *Réaction de Erlich.* — On ajoute à quelques centimètres cubes d'une solution chloroformique de bilirubine, un ou deux volumes d'une solution d'acide sulfanilique à 0.1 °/₀ fortement acidifiée d'acide chlorhydrique, un ou deux volumes d'alcool, de telle sorte que le mélange soit bien homogène; la solution vire rapidement du jaune au rouge. L'addition de quelques gouttes d'acide chlorhydrique concentré fait passer la liqueur par le violet pour acquérir ensuite une couleur bleue pure persistante.

Cette réaction est caractéristique.

La *biliverdine* ($C_{32}H_{36}N_4O_9$) se présente sous l'aspect de masses amorphes, d'un vert noirâtre, insolubles dans l'eau, dans l'éther et dans le chloroforme; solubles dans l'alcool éthylique et dans l'alcool méthylique, dans les solutions étendues de soude caustique et dans les solutions des carbonates alcalins. Elle se dissout dans l'acide acétique concentré et dans l'acide chlorhydrique pur.

Elle donne la réaction de Gmelin.

Analyse systématique d'un calcul biliaire.

On broie finement le calcul dans un mortier, on lave la poudre à l'eau, puis on la verse dans un petit ballon et l'on extrait à plusieurs reprises par l'alcool bouillant.

On procède ensuite comme on a procédé pour l'analyse de la bile.

Marche systématique dans l'analyse des calculs biliaires.

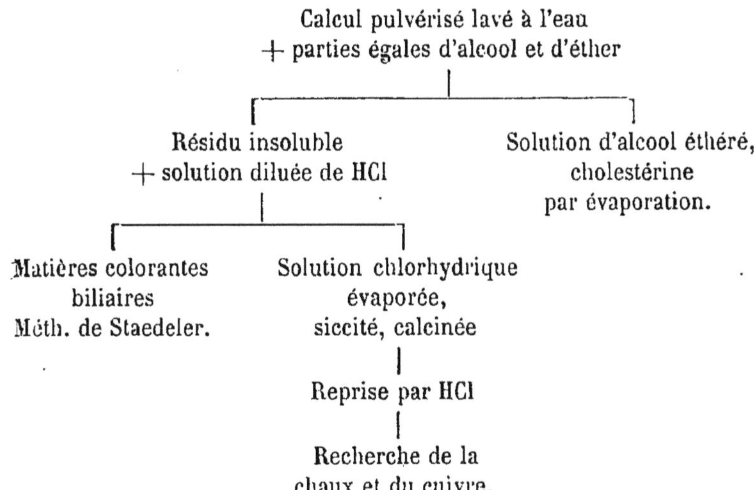

CHAPITRE VI.

LE SANG.

Nous étudierons dans ce chapitre :

1° Le sang défibriné, c'est-à-dire le sang débarrassé de sa fibrine, qui contient le pigment sanguin et les substances extractives dissoutes (urée, sucre);

2° Les substances albuminoïdes, c'est-à-dire le sang coagulé :

α) La fibrine;

β) Le sérum { sérum-globuline (paraglobuline); sérum-albumine;

3° L'analyse quantitative du sang.

Matières colorantes du sang.

Le sang renferme de l'hémoglobine, soit libre, soit combinée à l'oxygène (oxyhémoglobine, méthémoglobine), soit combinée à des gaz étrangers, oxyde de carbone (carboxyhémoglobine). Cette matière colorante présente, par elle-même et par ses dérivés, une importance considérable en médecine générale et en médecine légale.

Oxyhémoglobine. Oxyhémoglobine.

Préparation de l'oxyhémoglobine. — On soumet le sang défibriné à l'action de la force centrifuge pendant une heure ou une heure et demie; au bout de ce temps, les hématies ont gagné le fond des cylindres, et le sérum clair s'est séparé. On décante celui-ci et on lave la masse globulaire à l'aide d'une solution de chlorure de sodium à 0,6 %. On centrifuge de nouveau pendant deux heures. Au bout de ce temps, on décante la couche limpide. Après plusieurs lavages, la masse globulaire est presque complètement privée d'albumine.

On mélange alors la masse des globules avec deux ou trois volumes d'eau saturée d'éther sulfurique. L'éther doit être de réaction neutre et privé d'alcool. Les globules du sang se gonflent et deviennent invisibles, et la liqueur prend un aspect caractéristique de laque; on y ajoute prudemment, et goutte à goutte, en agitant fortement, une solution à 1 % de sulfite de sodium, jusqu'au moment où le sang se trouble et reprend l'aspect du sang frais.

Sous l'influence de ce sel, les stromata des globules se rétractent, s'agglomèrent au fond du vase et la force centrifuge les sépare facilement du liquide.

On refroidit à 0° cette solution décantée et tout à fait claire; on y ajoute le quart de son volume d'alcool pur, préalablement refroidi à 0°, ou mieux, à plusieurs degrés sous zéro; on agite à l'air et on laisse reposer pendant vingt-quatre à quarante-huit heures à — 5° ou — 15°.

En général, tout le liquide se prend en une masse de cristaux brillants; on les broie, on les jette sur un filtre refroidi et on les lave avec de l'alcool à 25 % refroidi. On redissout toute la masse dans une faible quantité d'eau à 30°; on refroidit à 0° et on fait recristalliser par l'alcool. On dessèche dans le vide sur de l'acide sulfurique.

L'oxyhémoglobine cristallise en formes variables, selon les

espèces animales. Ces cristaux se présentent sous la forme de tétraèdres (cobaye); sous celle de prismes rhombiques allongés (chien); de courts prismes orthorhombiques (cheval); parfois la cristallisation se fait difficilement (homme, porc).

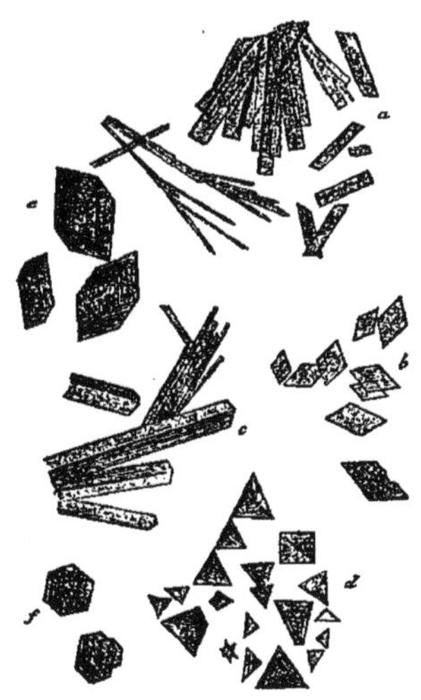

Cristaux d'oxyhémoglobine.

Elle est soluble dans l'eau, insoluble dans l'alcool qui l'altère à la longue. Les acides et beaucoup de sels des métaux lourds la précipitent de ses solutions, mais en la décomposant.

Caractères spectroscopiques de l'oxyhémoglobine. — En solution cencentrée, l'oxyhémoglobine détermine l'absorption de tout le spectre, excepté le rouge jusqu'à la raie C. En solution plus étendue (0,5 à 6 $^{0}/_{00}$), les solutions montrent deux raies d'absorption caractéristiques, situées entre D et E; elles sont d'inégale largeur : l'une (α), placée près de D, est étroite, nette;

l'autre (β), située plus près de E, est large, diffuse, mal délimitée. (Voir planche, spectre n° 1.)

L'oxyhémoglobine est réductible et l'addition de quelques gouttes d'une solution de sulfure d'ammonium réduit l'oxyhémoglobine à l'état d'hémoglobine et le spectre de celle ci remplace le spectre de celle-là.

Hémoglobine.

Hémoglobine réduite. — Elle existe dans le sang veineux; on peut facilement la préparer extemporanément en faisant agir sur de l'oxyhémoglobine, ou sur une solution de ce corps, un réducteur puissant (sulfure d'ammonium). La solution d'oxyhémoglobine perd sa rutilance et prend une teinte violacée.

Caractères spectroscopiques de l'hémoglobine réduite. — L'espace clair qui sépare l'une de l'autre les deux bandes d'absorption de l'oxyhémoglobine s'obscurcit dans le spectre. Les bandes d'absorption de l'oxyhémoglobine pâlissent et entre elles apparaît une bande unique, large, diffuse, qui est donc située entre D et E du spectre. (Voir planche, spectre n° 2.)

Combinaisons de l'hémoglobine avec des gaz.

Méthémoglobine.

a) **Méthémoglobine.** — C'est une combinaison oxygénée de l'hémoglobine, qui se produit sous l'influence des agents oxydants sur l'hémoglobine (permanganate de potassium, nitrite d'amyle, etc.), et qui se distingue de l'hémoglobine en ce que dans le vide elle ne dégage pas d'oxygène libre.

Caractères spectroscopiques. — Les solutions neutres ou faiblement acides de méthémoglobine possèdent une large bande d'absorption dans le rouge, entre C et D, plus près de C, et une bande mal délimitée entre D et F. (Voir planche, spectre n° 3, en solution alcaline; n° 4, solution acide.)

b) **Carboxyhémoglobine.** — La préparation des cristaux est tout à fait semblable à celle des cristaux d'oxyhémoglobine; leurs formes cristallines sont comparables. Leurs solutions sont moins vivement colorées; elles possèdent plutôt une teinte carminée. Le vide mercuriel les décompose et dégage l'oxyde de carbone. **Carboxyhémoglobine.**

Caractères spectroscopiques. — A un degré suffisant de dilution, les solutions de carboxyhémoglobine montrent deux raies d'absorption situées entre D et E. Ces raies se différencient peu des raies de l'oxyhémoglobine; plus déjetées vers E, elles se maintiennent malgré la conservation prolongée de la solution, ce qui constitue un caractère différentiel précieux; elles ne se modifient pas par l'addition de quelques gouttes d'une solution réductrice.

Outre ces propriétés spectroscopiques, la carboxyhémoglobine présente quelques réactions chimiques qui la caractérisent.

Caractères chimiques. — L'ébullition des solutions neutres de carboxyhémoglobine détermine la formation d'un coagulum d'un rouge vif.

On ajoute à 3 c. c. du sang suspect environ 100 c. c. d'eau distillée, on y ajoute quelques gouttes de soude caustique et une solution aqueuse d'acide pyrogallique, et l'on conserve à l'abri de l'air. Le sang normal prend dans ces conditions une couleur d'un brun sale; la carboxyhémoglobine donne un précipité d'un rouge vif.

L'hémoglobine et ses combinaisons avec les différents gaz sont instables; sous l'influence des acides et des alcalis, elle se décompose, se dissocie en une substance protéique et un pigment. Le pigment, en l'absence d'oxygène, est de l'hémochromogène; en présence d'oxygène libre, l'hémochromogène se transforme en hématine; en l'absence d'oxygène et dans un milieu acide, le fer de l'hémochromogène ou de l'hématine forme avec l'acide un sel ferreux et le pigment se transforme en hématoporphyrine.

Hémochromogène.

Hémochromogène. — La grande instabilité de l'hémochromogène et l'action rapide qu'exercent sur lui les acides et l'oxygène n'ont pas permis jusqu'à présent d'en réaliser la préparation, celui-ci en donnant l'hématine, celui-là l'hématoporphyrine.

Hématine.

Hématine.

Préparation de l'hématine. — On dissout, dans une solution très diluée de soude caustique pure, des cristaux d'hémine bien lavés, à l'eau, à l'alcool, à l'éther; on filtre, on précipite par l'acide chlorhydrique dilué, on lave à l'eau chaude le précipité brun, on continue ce lavage jusqu'à ce que les eaux de lavage ne précipitent plus par l'addition de nitrate d'argent. On sèche d'abord à basse température, puis à 120°.

C'est un corps non cristallisé, qui brûle au delà de 180°, sans fusion préalable; il dégage de l'acide cyanhydrique et laisse un squelette d'oxyde de fer (12.6 %).

Insoluble dans l'eau, l'alcool, l'éther, le chloroforme, un peu soluble dans l'acide acétique glacial, surtout à chaud, elle se dissout très bien dans tous les liquides alcalins et reste insoluble dans tous les véhicules acides.

Caractères spectroscopiques. — Ces caractères varient selon que l'on s'adresse à une solution acide ou alcaline.

En solution alcaline, elle fournit un spectre caractérisé par une absorption complète jusqu'au rouge, puis une large bande mal délimitée, diffuse, située entre C et D, mais atteignant et dépassant D; tout le reste du spectre n'est pas influencé.

En solution acide, elle fournit une absorption beaucoup plus grande du spectre. Celui-ci est totalement absorbé jusqu'au rouge; puis, entre C et F, s'espacent une série de quatre bandes d'absorption dont la première, droite, située au milieu de l'espace qui sépare C et D dans l'orangé, est étroite et caractéristique; entre D et E, deux raies semblables à celles de la méthémoglobine; enfin, une quatrième entre b et F, bien marquée et bien sombre; le bleu et le violet sont modérément absorbés.

Hémine ou chlorhydrate d'hématine $C_{32}H_{30}N_4FeO_3HCl$. — La préparation de ce corps a acquis une grande valeur en médecine légale. La préparation des cristaux de Teichmann constitue en effet le meilleur moyen de déceler la présence du sang. Hémine.

Préparation des cristaux d'hémine. — On chauffe dans un verre de montre et sur une petite flamme quelques gouttes de sang, ou de solution d'oxyhémoglobine, ou de matières suspectes, et très peu de chlorure de sodium et d'acide acétique glacial. On agite et l'on pousse la chauffe jusqu'à l'ébullition: puis on laisse refroidir la solution, on la réduit. On l'examine au microscope et l'on constate l'existence de cristaux caractéristiques, se présentant sous l'aspect de tables rhombiques obliques (cristaux de Teichmann).

Insolubles dans l'eau; dans l'acide acétique glacial; soluble dans l'acide acétique bouillant.

Cristaux d'hémine.

Hémato-porphyrine.

Hématoporphyrine. — Lorsqu'on fait agir d'une façon prolongée un acide minéral sur une solution d'hématine, le fer qu'elle contient forme avec l'acide un sel ferreux, et l'hématine se transforme en un composé nouveau, l'hématoporphyrine.

Préparation de l'hématoporphyrine. — Méthode de Nencki et Sieber. — On fait agir environ 75 grammes d'acide acétique glacial saturé d'acide bromhydrique sur 5 grammes environ de cristaux d'hémine; on chauffe pendant vingt ou trente minutes le ballon au bain-marie, jusqu'au moment où il n'y a plus de dégagement d'acide bromhydrique; on verse cette liqueur dans une grande quantité d'eau distillée. Il se forme, dans la liqueur colorée en rouge foncé, un précipité brunâtre, floconneux. On laisse reposer quelques heures, puis on filtre, on neutralise le filtratum par une solution de soude caustique; on refiltre pour recueillir le précipité; on sèche grossièrement, puis on fait digérer au bain-marie dans de la soude caustique, on sépare des résidus ferreux et l'on abandonne la solution au repos.

Pendant le refroidissement, la paroi du vase se recouvre de cristaux d'hématoporphyrine associée à la soude. On décante et l'on dissout ces cristaux dans l'acide acétique; le pigment se précipite, on décante, on lave le précipité à l'eau; on le dissout prudemment dans de l'acide chlorhydrique et on laisse évaporer la solution rouge foncé dans le vide sur de l'acide sulfurique.

La majeure partie du chlorhydrate d'hématoporphyrine se prend en une masse de fines aiguilles. On lave celles-ci dans l'acide chlorhydrique à 10 %; on les redissout dans de l'eau tiède que l'on acidule en quantité suffisante par l'acide chlorhydrique, on filtre, on ajoute de l'acide chlorhydrique de 1.12 et l'on évapore dans le vide.

Les solutions acides de ce chlorure d'hématoporphyrine, traitées par l'acétate de sodium, laissent précipiter l'hématoporphyrine libre, sous forme de flocons bruns.

L'hématoporphyrine ($C_{16}H_{18}N_2O_3$) est insoluble dans l'eau, peu soluble dans les acides dilués, plus soluble dans les acides concentrés; soluble dans les alcalis, très soluble dans l'alcool acidulé ou alcalinisé.

Caractères spectroscopiques. — En solution acide, l'hématoporphyrine présente deux raies d'absorption, l'une pâle et étroite, à cheval sur la raie D, mais débordant celle-ci vers la gauche; l'autre large, plus foncée, située entre D et E, avec sa plus grande accentuation vers E.

En solution alcaline pas trop diluée, elle présente quatre raies : deux raies foncées, l'une étroite, entre D et E, plus près de D; l'autre large, entre b et F, débordant légèrement b, sans atteindre F; deux raies plus pâles, étroites : l'une entre C et D, l'autre entre D et E, plus près de E.

Le sang tient en solution des bases azotées, des hydrates de carbone et des sels dont l'extraction et le dosage présentent un grand intérêt. Tels sont l'urée et le sucre.

Les procédés d'extraction de ces corps présentent un point commun : la précipitation des albumines du sang. Il existe de nombreuses méthodes qui réalisent ce desideratum.

Recherche du sucre.

Recherche du sucre dans le sang. — Dans ce cas, la précipitation des albumines s'obtient de la façon la plus favorable par la méthode de Schmidt-Mulheim-Hofmeister.

On prélève 50 grammes de sang au moins, on dilue de dix fois le volume d'eau et l'on chauffe dans une capsule; lorsque les premières vapeurs apparaissent, on ajoute 4 à 5 c. c. d'une solution à 18 °/₀ de perchlorure de fer et 15 c. c. d'une solution à 60 °/₀ d'acétate de sodium, et l'on porte à l'ébullition. La liqueur prend alors une coloration chocolat, et entre les flocons du précipité le liquide apparaît limpide. On neutralise prudemment à l'aide de carbonate de soude en cristaux, jusqu'à ce que la réaction ne soit plus que faiblement acide; une réaction faiblement alcaline n'entrave point l'opération. On filtre, on presse le précipité à la main d'abord, puis à la presse; on le reprend par l'eau acidulée; on répète l'extraction à plusieurs reprises; on réunit, on concentre les différents extraits aqueux à un volume déterminé, et l'on y recherche la présence du sucre, soit qualitativement par la phénylhydrazine, soit quantitativement par la liqueur titrée de Fehling. (Voir chap. VIII : Dosage du sucre.)

Recherche de l'urée.

Recherche de l'urée dans le sang. — On mesure un volume déterminé de sang (50 c. c.), on coagule l'albumine par addition d'un volume suffisant d'alcool; on laisse sédimenter pendant douze heures, on filtre et on évapore, *à une température inférieure à 75°*, le filtratum à consistance sirupeuse.

On reprend le résidu de cette évaporation dans l'eau chaude et l'on traite par un excès d'acétate basique de plomb. On obtient une masse épaisse, filtrant difficilement; pour faciliter le passage à travers le filtre, on ajoute à la liqueur un peu de sulfate d'alumine, puis de l'eau de baryte, jusqu'au moment où il ne se forme plus de précipité; on fait passer un courant d'acide carbonique et l'on filtre. On précipite le plomb par un courant d'hydrogène sulfuré, on filtre, on chauffe pour chasser l'excès d'hydrogène sulfuré.

La liqueur étant ainsi préparée, on précipite l'urée par le nitrate mercurique (voir chap. VIII : Méthode de dosage de l'urée. Solution de Liebig) et l'on neutralise l'acide libéré par de l'hydrate de baryte. On lave soigneusement le précipité, on le débarrasse des graisses par lavage à l'éther de pétrole, on suspend le précipité dans l'eau chaude; on précipite le mercure par un courant d'hydrogène sulfuré et l'on évapore prudemment le filtratum à une température inférieure à 75°.

On caractérise les cristaux obtenus par les réactions suivantes :

1° On dissout quelques cristaux dans une goutte d'eau distillée, que l'on place sous le microscope : sur le bord de la lamelle on fait arriver une goutte d'acide nitrique concentré ou de solution d'acide oxalique qui pénètre sous la lamelle par capillarité. Il se produit un précipité cristallisé caractéristique de nitrate ou d'oxalate d'urée. (Voir chap. VIII.)

2° On place sous le microscope quelques cristaux non dissous et recouverts d'une lamelle; sur le bord de celle-ci on dépose une gouttelette de solution d'hypobromite ou d'hypochlorite de soude. On observe la production d'un dégagement gazeux.

§ 2. — Albumines du sang.

Le sang, dès sa sortie des vaisseaux, se coagule, c'est-à-dire que, dès ce moment, de la fibrine se précipite, entraînant dans ses mailles les éléments figurés du sang. Après quelques heures, lorsque les conditions de température et de repos sont favorables, le caillot se rétracte en expulsant de son réseau un liquide jaune citrin, albumineux : le sérum.

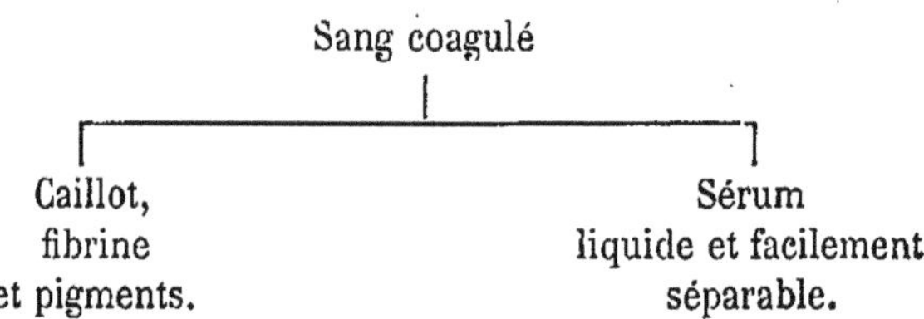

Fibrine.

Fibrine. — La fibrine se présente sous l'aspect de longs filaments blancs, élastiques; insoluble dans l'eau, elle se dissout lentement, si elle est fraîche, c'est-à-dire non coagulée (chaleur, alcool), dans des solutions pas trop concentrées de substances alcalines (NaCl; NO^3K; NO^3Na, etc.); des solutions faibles à 0.2 °/₀ d'acide chlorhydrique agissant à une température de 40°, la gonflent d'abord, la rendent plus transparente et finissent par la dissoudre en la transformant en syntonine. (Voir chapitre : Digestion.)

En présence d'eau oxygénée (H^2O^2), elle produit un dégagement de fines bulles de gaz.

Sérum. — Liquide jaune citrin, de coloration plus ou moins foncée, parfois opalescente (graisse et albumines), de réaction alcaline. Sérum sanguin.

Le sérum sanguin renferme deux substances albuminoïdes : la sérum-albumine (sérine de Denis) et la sérum-globuline (paraglobuline), dans la proportion de 22 à 15 °/₀; par sa richesse en albumines, il est justiciable de toutes les réactions générales des substances albuminoïdes.

Préparation du sérum. — On prépare le sérum sanguin en abandonnant à la coagulation, dans des vases de forme cylindrique, le sang qui sort des vaisseaux. Après quelques heures, le caillot se rétracte, expulse le sérum du réseau de fibrine.

On peut aussi défibriner le sang par le battage : on filtre le sang défibriné à travers une toile d'étamine, puis on laisse sédimenter; les éléments figurés gagnent le fond du vase et le sérum, assez coloré, s'amasse dans les couches les plus superficielles; ou bien on soumet à l'action de la force centrifuge pendant quelques heures. On décante, dans ces conditions, un sérum non complètement dépourvu d'éléments figurés; on soumet de nouveau à la centrifugation, et l'on obtient alors un sérum bien clair et limpide. On recueille le sérum à l'aide de la pipette.

Albumines du sérum.

Séparation de la sérum-albumine et de la sérum-globuline. — 1° On dilue le sérum de cinq fois son volume d'eau et l'on fait barboter pendant plusieurs heures dans un courant d'acide carbonique; la globuline se précipite, l'albumine reste en solution. Ce procédé ne permet pas la séparation complète des deux substances.

2° **Procédé de Hammarsten.** — Ce procédé est plutôt un procédé de préparation de la globuline à l'état de pureté.

On dilue le sérum dans vingt fois son volume d'eau, puis on y ajoute du sulfate de magnésie en cristaux jusqu'à saturation. La globuline se précipite, l'albumine reste dissoute. On filtre, on lave le précipité sur le filtre au moyen d'une solution saturée de sulfate de magnésie. Il est utile de renouveler à plusieurs reprises la dissolution et la précipitation de la substance.

3° **Procédé de Drechsel.** — On étend le sérum de trois fois son volume d'une solution saturée de sulfate d'ammoniaque; puis on ajoute, en agitant continuellement le mélange, de nouvelles quantités du même sel en cristaux, jusqu'à sursaturation. Les deux substances albuminoïdes se précipitent; on filtre, on lave le précipité sur le filtre à l'aide d'une solution saturée de sulfate d'ammoniaque; on peut aussi reprendre le précipité dans un peu d'eau et précipiter de nouveau les deux substances protéiques.

On dissout le précipité lavé dans le moins d'eau possible et l'on élimine les sels par une dialyse énergique. La globuline se précipite peu à peu, à mesure de l'appauvrissement de la solution en sels; l'albumine reste dissoute. Lorsque la dialyse est terminée, c'est-à-dire lorsqu'il ne passe plus de sulfate d'ammoniaque à travers la membrane, on filtre, on lave le précipité sur le filtre. On neutralise exactement le filtratum, on le soumet de nouveau à la dialyse, on filtre, et on l'évapore à basse température, 40° environ. Lorsque la liqueur est refroidie, on précipite l'albumine à l'aide d'alcool fort, on filtre immédiatement, on presse le précipité, on le lave à l'éther pour chasser l'alcool qui altère les propriétés de la substance et l'on dessèche sur acide sulfurique.

Propriétés de la sérum-albumine. — La sérum-albumine se dissout dans l'eau dans toutes les proportions et donne une liqueur claire. Sérum-albumine.

Elle est insoluble dans l'alcool qui la précipite et en altère rapidement les caractères; elle est peu diffusible; elle dévie la lumière polarisée vers la gauche $[\alpha]_D = -62°.6$ à $-64°.59$.

En présence d'une quantité suffisante d'acide acétique, la chaleur la coagule; la coagulation se produit d'une façon progressive; vers 60° à 65°, le liquide albumineux se trouble et la précipitation en flocons se produit vers 72° à 73°. La richesse de la solution en sels influence beaucoup la température de coagulation.

Le sulfate d'ammoniaque en cristaux, en excès, la précipite de sa solution sans l'altérer; le sulfate de magnésie ne l'influence pas; par contre, si on sature de sulfate de soude la solution albumineuse déjà saturée de sulfate de magnésie, l'albumine se précipite; le chlorure de sodium à saturation n'entraîne pas la précipitation de la sérum-albumine.

En résumé :

Solubilité dans l'eau;

Indifférence en présence de la saturation par le sulfate de magnésie, le chlorure de sodium;

Précipitation par la saturation de cristaux de sulfate d'ammoniaque;

Coagulation de 72° à 73°;

Rotation — 62°.6 à — 64°.59.

Sérum-globuline.

Caractères de la sérum-globuline. — La sérum-globuline est insoluble dans l'eau, dans l'alcool qui la précipite en l'altérant et en en modifiant les propriétés; elle se dissout dans l'eau salée (5 à 10 °/₀); elle se dissout moins bien si la solution est plus riche et aussi plus pauvre en sel.

Les solutions légèrement alcalines précipitent par l'addition d'acides, même d'acide carbonique; la sérum-globuline n'est point altérée par cette action. Les solutions légèrement alcalines, saturées d'acide carbonique, laissent précipiter la globuline sans l'altérer; l'excès d'acide carbonique redissout une partie du précipité; l'expulsion de cet excès entraîne la précipitation de la globuline.

Les cristaux de sulfate d'ammoniaque en excès la précipitent complètement; le sulfate de magnésie agit de même (Hammarsten); le chlorure de sodium la précipite complètement, mais seulement si la globuline est pure.

La sérum-globuline coagule à 75°; elle dévie la lumière polarisée $[\alpha]_D$ = — 47°.8 à — 48°.2.

En résumé :

Insolubilité dans l'eau; solubilité dans l'eau salée à 10 °/₀;

Précipitation par la saturation au moyen de cristaux de sulfate de magnésie;

Précipitation par la saturation au moyen de chlorure de sodium en cristaux, mais seulement à l'état de pureté;

Coagulation à 75°;

Déviation $[\alpha]_D = - 47°.8$ à $- 48°.2$.

Le *fibrinogène* qui se rencontre dans le plasma sanguin fait généralement défaut dans le sérum; cependant, dans des conditions indéterminées, il peut se faire qu'il en reste un excès libre après la coagulation du sang. Fibrinogène.

Il possède la plupart des propriétés de la paraglobuline et s'en différencie par son point de coagulation : 52° à 55°.

§ 3. — Analyse quantitative du sang.

1. Réaction du sang. — Il est assez difficile de rechercher la réaction du sang; le pigment sanguin reste fixé sur le papier de tournesol qu'il colore et peut facilement faire admettre une donnée erronée. Réaction du sang.

Aussi a-t-on jugé utile de modifier les méthodes d'essai.

Liebreich arrose de teinture bleue ou de teinture rouge de tournesol des plaques de plâtre ou de terre poreuse. Sur ces plaques préparées d'avance et desséchées, on laisse s'écouler quelques gouttes de sang; puis on lave à grande eau. Si le sang est alcalin, la place où s'est écoulée la goutte de sang se marque sur le fond rouge général de la plaquette par une tache bleue; dans le cas où le sang est acide, la place de contact se marque par une tache rouge sur fond bleu.

Zuntz recommande l'emploi de bandelettes de papier glacé et imprégné de teinture de tournesol. On humecte le papier à l'aide d'une solution de chlorure de sodium ou de sulfate de soude, puis on le plonge à plusieurs reprises dans le sang; on relave le papier à l'eau chlorurée ou dans la solution de sulfate de soude.

On a préconisé même des méthodes permettant d'apprécier en chiffres l'alcalinité du sang.

Von Jaksch établit une échelle de dix-huit solutions différentes, composées :

I. 1 c. c. de solution renferme 0.9 c. c. d'acide tartrique, $^1/_{1000}$ N; 0.1 c. c. sulfate de soude.

II. 1 c. c. de solution renferme 0.8 c. c. d'acide tartrique, $^1/_{1000}$ N; 0.2 c. c. sulfate de soude.

III. 1 c. c. de solution renferme 0.7 c. c. d'acide tartrique, $^1/_{1000}$ N; 0.3 c. c. sulfate de soude,

et ainsi de suite jusqu'à la solution

IX. 1 c. c. de solution renferme 0.1 c. c. d'acide tartrique, $^1/_{1000}$ N; 0.9 c. c. sulfate de soude.

X. 1 c. c. de solution renferme 0.9 c. c. d'acide tartrique, $^1/_{100}$ N; 0.1 c. c. sulfate de soude,

et ainsi de suite jusqu'à la solution

XIV. 1 c. c. de solution renferme 0.5 c. c. d'acide tartrique, $^1/_{100}$ N; 0.5 c. c. sulfate de soude,

et ainsi de suite jusqu'à la solution

XVIII. 1 c. c. de solution renferme 0.1 c. c. d'acide tartrique, $^1/_{100}$ N; 0.9 c. c. sulfate de soude,

dont, par conséquent, la richesse en acide va graduellement croissant.

On mélange dans un verre de montre les quantités d'acide et de sulfate, mesurées au moyen d'une pipette; on y verse, au moyen d'une pipette graduée, 0.1 c. c. de sang, prélevé à la région dorsale; on agite le mélange et on y plonge des bandelettes de papier tournesol très sensible.

On observe dans laquelle de ces solutions le mélange est bien neutre, c'est-à-dire ne rougit pas le tournesol bleu et ne bleuit pas le tournesol rouge.

La quantité d'acide contenue dans cette solution exprime la quantité d'acide nécessaire pour neutraliser l'alcalinité de 0.1 c. c. de sang; pour 100 c. c. de sang, il faudra 1000 fois plus d'acide.

Le dosage doit être pratiqué avec rapidité; on sait en effet que le sang soustrait à l'action de l'endothélium perd rapidement son alcalinité.

Dosage de l'albumine.

2. Dosage de l'albumine par la méthode de Kjeldahl. — On opère sur 5 c. c. de sang frais; on y ajoute, dans le flacon spécial, 10 c. c. d'acide sulfurique Kjeldahl et quelques centigrammes d'oxyde jaune de mercure (0.20); on chauffe jusqu'au moment où la décoloration totale est atteinte. Pour le reste, on procède comme il est indiqué ailleurs. (Voir chap. VIII : Dosage de l'urée.)

Calcul de la quantité d'albumine. — L'albumine renferme en moyenne 16 % d'azote; pour connaître la teneur du sang en albumine, on multiplie le chiffre d'azote renseigné par le dosage, par le facteur $\frac{100}{16} = 6.25$.

Le résultat exprime la quantité d'albumine contenue dans 5 c. c. de sang.

Dosage de l'hémoglobine.

5. Dosage de l'hémoglobine. — On dose l'hémoglobine dans le sang, soit par des méthodes colorimétriques, soit par des méthodes chimiques.

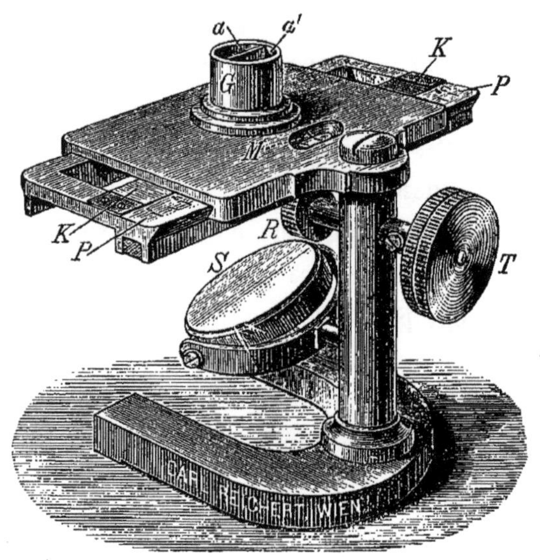

Hémomètre de Fleischl.

Méthode colorimétrique.

1. Méthode colorimétrique. — Hémomètre de Fleischl. — L'instrument se compose d'une platine semblable à celle du microscope ; elle porte au centre une ouverture dans laquelle s'emboîte une petite auge subdivisée par une cloison verticale en deux parties égales.

Sous la platine, un ajutage porte, en guise de réflecteur, une plaque de plâtre, et, correspondant à l'une des deux petites augettes, une pièce de verre colorée en rouge. On peut faire varier, au moyen d'une vis, la position de cette lame. La lame de verre est mince d'un côté et augmente graduellement d'épaisseur ; sa couleur paraît de plus en plus foncée à mesure que la couche observée devient plus épaisse.

Une graduation spéciale permet de calculer en chiffres le degré de coloration.

Principe de la méthode. — Ce dosage consiste à comparer entre elles la teinte que donne un volume déterminé de sang dilué dans un volume constant d'eau et la teinte que présente une portion quelconque de la lame de verre, observée sous une même épaisseur d'eau.

Technique. — On récolte le sang au moyen d'une pipette, qui n'est qu'un tube capillaire de capacité connue : 6.5 millimètres cubes. Ce tube est ouvert à ses deux bouts et porte un petit ajutage métallique à sa partie médiane.

On dissout le sang recueilli, dans l'augette, dans une quantité d'eau correspondant au $^1/_3$ ou au $^1/_4$ de la contenance de l'augette de comparaison ; on rince soigneusement la pipette et l'on remplit les deux augettes d'eau, de telle façon que l'on obtienne une surface plane et non pas un ménisque concave ou convexe. On fait varier la position de la lame colorée jusqu'au moment où les deux demi-auges présentent une teinte rigoureusement égale.

La quantité d'hémoglobine pour cent est indiquée par le chiffre de la graduation.

2. Dosage chimique de l'hémoglobine. — L'hémoglobine renferme une quantité fixe et constante de fer, dont on peut évaluer la proportion à 0.42 % de fer pour 100 grammes d'hémoglobine. Il sera donc facile de déterminer la proportion d'hémoglobine contenue dans un échantillon de sang d'après la quantité de fer qu'il renferme.

Méthode chimique.

Principe de la méthode. — La méthode consiste à transformer une quantité inconnue d'un sel de protoxyde de fer en peroxyde de fer par une solution de caméléon ayant une force oxydante connue.

Si l'on a une solution de permanganate de potasse et si l'on sait combien de fer une quantité quelconque de cette solution peut transformer en peroxyde de fer, il sera facile de déterminer la quantité inconnue de fer d'après la quantité de caméléon nécessaire pour opérer la transformation.

Préparation du sang. — On évapore au bain-marie 20 à 30 c. c. de sang jusqu'à dessiccation complète; puis on calcine prudemment, jusqu'au moment où il ne se dégage plus de fumées.

On reprend le charbon avec de l'acide chlorhydrique pur; on filtre sur un filtre de papier suédois, on lave abondamment à l'eau (élimination des chlorures). On dessèche dans la capsule le filtre et le charbon qu'il retient, on ajoute peu à peu l'extrait chlorhydrique, on acidule d'acide sulfurique, on évapore, puis on incinère charbon et filtre à feu vif.

On reprend le résidu refroidi par de l'acide sulfurique dilué (2 parties sur 3 parties d'eau); on chauffe un peu pour activer la dissolution du résidu et l'on dilue à 50 c. c. ou à 100 c. c.

On obtient ainsi le fer réduit partiellement à l'état de sel ferreux et partiellement à l'état de sel ferrique. Ce dernier doit être réduit à l'état de sel ferreux avant de procéder au dosage.

Dans ce but, on chauffe la solution sulfurique dans un petit ballon à long col incliné, et l'on y ajoute de petits fragments de zinc privé de fer. On chasse, pendant l'action de cette réduction, l'air contenu dans le ballon par un courant d'acide carbonique. On prolonge l'opération jusqu'à complète décoloration et jusqu'à dissolution complète du zinc; on laisse refroidir dans un courant d'acide carbonique.

La solution est alors préparée pour le dosage du fer.

SOLUTIONS NÉCESSAIRES POUR LE DOSAGE DU FER :

Solution de caméléon. — On dissout 3gr.20 environ de permanganate de potassium dans 1 litre d'eau. Cette solution a une couleur violette et se conserve bien à l'abri de la lumière et surtout à l'abri des poussières organiques. Il est cependant prudent de rétablir le titre de la solution avant de s'en servir. On établit le titre de la solution soit au moyen du sulfate double de fer et d'ammoniaque, soit au moyen de l'acide oxalique.

α) Titrage par le sulfate double de fer et d'ammoniaque :

Ce sel se conserve bien; il contient le $^1/_7$ de son poids de fer métallique; il permet de faire rapidement une solution de fer connue. Les cristaux doivent être vert bleuâtre et bien limpides (les cristaux jaunes sont à rejeter).

On pèse exactement 3gr.92 de ce sel que l'on dissout dans 200 c. c. acidulés de 20 c. c. d'acide sulfurique et l'on étend pour faire 1 litre. Cette quantité de sel représente une quantité de fer métallique égale à 0gr.56. On mesure à la pipette 10 c. c. de cette solution contenant 0gr.0056 de fer; on laisse s'y écouler le caméléon goutte à goutte, en remuant le mélange continuellement. Les gouttes rouges se décolorent rapidement au début, puis plus lentement, jusqu'au moment où l'addition d'une dernière goutte détermine l'apparition d'une teinte rose qui persiste malgré l'agitation. On fait alors la lecture et l'on établit, après plusieurs essais, la moyenne du nombre de centimètres cubes de caméléon qui suffisent à oxyder 10 c. c. de la solution, c'est-à-dire 0gr.0056 de fer. On établit alors le calcul suivant :

$$N : 0.0056 :: 1 : x$$

dans lequel N représente le nombre de centimètres cubes de solution de permanganate et x la quantité de fer que 1 c. c. de cette solution peut transformer en peroxyde.

β) Titrage par l'acide oxalique :

On pèse exactement 0gr.63 d'acide oxalique pur et desséché et l'on étend cette solution pour faire 1 litre.

On mesure 25 c. c. de cette solution, on les porte dans un ballon conique, on ajoute 3 à 4 c. c. d'acide sulfurique privé de fer et l'on chauffe sur une toile métallique. On laisse alors couler, goutte à goutte, la solution de caméléon jusqu'au moment où l'agitation fait apparaitre une coloration rosée dont on détermine plus facilement l'apparition sur fond blanc. On note le nombre de centimètres cubes de solution de permanganate nécessaires pour atteindre ce point. 1 c. c. de la solution de permanganate correspond à 0.56 milligramme de fer, si le titre est exact, c'est-à-dire si 25 c. c. de caméléon = 25 c. c. d'acide oxalique.

S'il n'en est pas ainsi, et qu'il faille, pour atteindre le point final de la réaction, employer seulement 24.4, la valeur de 1 c. c. de la solution de permanganate sera de $\frac{0.56 \times 25}{24.4}$ = 0.573 milligramme de fer.

Dosage du fer dans le sang.

3. Dosage du fer dans le sang. — On procède au dosage de la même façon que l'on procède à l'établissement du titre de la solution de caméléon.

On calcule facilement la teneur du sang en hémoglobine : on multiplie la quantité de fer trouvée par le facteur $\frac{100}{0.42} = 238$.

Dosage de l'urée dans le sang.

4. Dosage de l'urée dans le sang. — On emploie la méthode décrite plus haut (Recherche qualitative du sang).

On reprend la masse cristallisée dans une très petite quantité d'eau distillée et l'on y dose l'azote par le procédé de Kjeldahl.

L'urée renferme, ainsi qu'il est dit plus haut, 46.66 °/₀ d'azote; pour trouver la quantité d'urée correspondant à une quantité déterminée d'azote, on multiplie la quantité d'azote trouvée par $\frac{100}{46.66} = 2.1428$.

5. Dosage du sucre dans le sang. — On opère sur 50 c. c. de sang en suivant exactement la méthode décrite ci-dessus (p. 98); on réduit à un volume déterminé (100 c. c.) les différents extraits et l'on y dose le sucre par la liqueur de Fehling. (Voir chapitre IX : Dosage du sucre.)

Dosage du sucre dans le sang.

CHAPITRE VII.

LE LAIT.

Le lait est une émulsion; il renferme de nombreuses gouttelettes de graisse, suspendues dans un plasma dont les principaux éléments constitutifs sont : la caséine, la lactalbumine, la lactose.

Sa réaction est en général faiblement alcaline, parfois neutre, parfois même acide; par la conservation, le lait subit une fermentation, qui livre comme produit de l'acide lactique de fermentation, et la réaction d'alcaline qu'elle était, devient de plus en plus acide.

Par le repos, les globules de lait se réunissent à la surface et forment une couche de crême plus ou moins épaisse, sans cependant que la couche sous-jacente soit complètement privée de graisse. L'emploi de la force centrifuge permet d'opérer cette séparation d'une façon beaucoup plus complète.

La densité du lait non écrémé oscille entre 1.029 et 1.033; celle du lait écrémé entre 1.032 et 1.036. On la détermine soit à l'aide de l'aréomètre, soit à l'aide du pycnomètre; on peut aussi faire usage d'instruments spéciaux, les pèse-lait.

Nous étudierons dans ce chapitre les principaux éléments normaux du lait :

1° La caséine;

2° La lactalbumine;

3° La lactose (sucre de lait);

4° Les globules de lait.

Schéma de l'analyse qualitative.

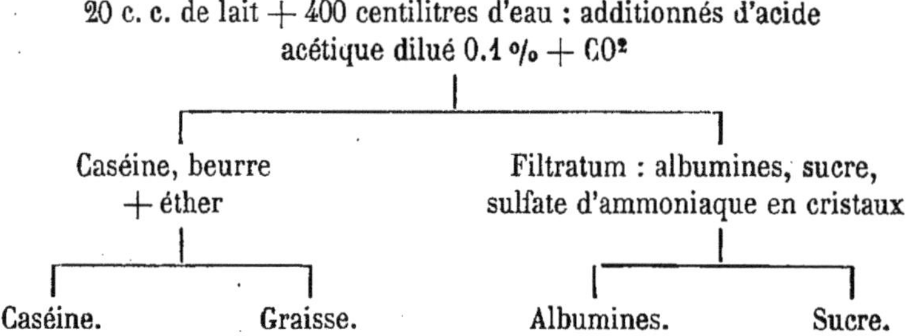

On dilue 20 c. c. environ de lait dans 400 c. c. d'eau distillée, on acidifie à l'aide d'acide acétique dilué, jusqu'à ce que le mélange renferme environ 0.1 % d'acide. On mélange intimement. La caséine se précipite en gros flocons qui gagnent rapidement le fond du vase, entraînant avec eux la graisse. On filtre et on lave le précipité à l'eau sur le filtre; pour séparer la graisse, on lave le précipité à l'alcool, puis abondamment à l'éther, ou bien on porte le tout dans un appareil à extraction. On récolte l'éther, on le laisse évaporer et l'on obtient la graisse comme résidu de cette évaporation.

Caséine. On redissout la caséine dans de l'eau distillée faiblement alcalinisée; on acidule de nouveau à l'aide d'acide acétique; la caséine se précipite dans un état de pureté suffisant pour l'étude de ce corps.

La **caséine** se présente sous la forme d'une poudre blanche, insoluble dans l'eau, soluble dans les alcalis caustiques, même en solution très étendue; dans les solutions des carbonates alcalins et dans les solutions de sels alcalins; dans l'eau de baryte, l'eau de chaux; dans les solutions diluées d'acide.

L'addition d'acide acétique dilué la précipite de ses solutions, ainsi que l'addition d'acide acétique et un courant d'acide carbonique.

Le chlorure de sodium en cristaux jusqu'à refus la précipite de ses solutions dans les alcalis; le sulfate de magnésie dans les mêmes conditions la précipite complètement. Ni la chaleur ni l'alcool ne la coagulent, c'est-à-dire ne la transforment en une substance protéique ayant des propriétés différentes.

Son pouvoir rotatoire est de $(\alpha)_D = -80°$.

Digérée avec de l'acide chlorhydrique à 0.2 °/₀, elle se dissout; la solution se trouble et renferme un résidu insoluble de nucléine.

Graisses. — L'évaporation de l'extrait éthéré de la caséine abandonne les graisses. Celles-ci sont constituées par l'oléine, la palmitine et la stéarine; on y trouve aussi des éthers d'acide butyrique, etc. Graisses.

Extraction de la graisse. — On peut extraire directement les graisses du lait : on alcalinise à l'aide de soude caustique 100 grammes de lait, on agite à plusieurs reprises avec de l'éther, on décante les extraits éthérés, on les réunit, on les évapore à basse température. Les graisses restent comme résidu de cette évaporation.

Pour séparer ces différentes graisses, on maintient le résidu graisseux pendant deux à trois heures à une température de 20° environ : la palmitine et la stéarine cristallisent.

On filtre, on lave les cristaux à l'alcool ordinaire froid, on exprime la masse.

L'oléine, $C_3H_5(C_{18}H_{33}O_2)_3$, se présente sous la forme d'une huile incolore, qui jaunit au contact de l'air; elle est peu soluble dans l'alcool ordinaire froid, assez soluble dans l'alcool absolu, très soluble dans l'éther.

La séparation de la stéarine et de la palmitine est beaucoup plus difficile à réaliser ; on peut cependant, au moins partiellement, y arriver, en faisant agir sur les cristaux de l'alcool absolu chaud et en filtrant à chaud. La palmitine se dissout plus facilement que la stéarine ; on évapore cette solution et l'on obtient un résidu dont le point de fusion est à 53° à 68°. Le point de fusion de la stéarine est à 62°.

Le mélange des deux graisses présente une forme cristalline spéciale : sphères composées de petites plaques ou d'aiguilles s'irradiant autour d'un point central.

La palmitine, $C_3H_5(C_{16}H_{31}O_2)_3$, isolée cristallise en fines aiguilles; la stéarine, $C_3H_5(C_{18}H_{35}O_2)_3$, cristallise en tables rectangulaires.

Propriétés de la graisse. — 1. On écrase une parcelle de graisse à l'aide d'un morceau de papier : il se forme au point d'écrasement une tache translucide.

2. La graisse est neutre : on verse quelques gouttes de solution éthérée de graisse dans un tube à essai, contenant quelques centimètres cubes d'une solution alcoolique d'acide rosolique, additionnée d'une goutte de solution diluée de soude caustique. La liqueur conserve la couleur rouge.

3. On broie dans un mortier une parcelle de graisse avec du sulfate acide de potassium et l'on chauffe le mélange dans un tube à essai bien sec. La graisse se caractérise par la formation d'acroléine que l'on reconnaît à son odeur piquante.

4. Épreuve de la saponification : On dissout au bain-marie 5 grammes de potasse caustique dans 5 c. c. d'eau ; on y ajoute

la graisse dissoute dans 50 c. c. d'alcool fort bouillant; on chauffe le mélange jusqu'au moment où il constitue une masse homogène. La graisse est alors décomposée en ses éléments : acide gras et glycérine. On s'assure facilement qu'il en est ainsi en recueillant une goutte du liquide dans l'eau : si la saponification est terminée, la solution reste limpide; elle se trouble, au contraire, si la saponification n'est point achevée.

On évapore la solution au bain-marie (expulsion de l'alcool); on acidule à l'aide d'acide sulfurique dilué et l'on voit apparaître des gouttelettes graisseuses que l'on recueille dans l'éther; puis que l'on isole par évaporation de la solution éthérée.

Propriétés générales des acides gras. — 1. Ils se comportent vis-à-vis du papier comme le fait la graisse.

2. Ils possèdent une réaction acide : c'est-à-dire que, placés dans les mêmes conditions d'investigation que la graisse, ils jaunissent la solution rouge d'acide rosolique.

3. Traités par le sulfate acide de potassium, ils ne dégagent point d'acroléine.

Ces acides sont : l'acide oléique, palmitique, stéarique, dont nous avons indiqué les propriétés ailleurs (p. 75). L'acide butyrique se reconnaît facilement à son odeur caractéristique.

La séparation de la caséine entraînant les graisses livre un filtratum clair tenant en solution une petite partie de caséine non précipitée, la lactalbumine, la lactoglobuline et le sucre.

Lactalbumine, lactoglobuline. — La lactalbumine s'extrait facilement en ajoutant au filtratum des cristaux de sulfate d'am- Lactalbumine, lactoglobuline.

moniaque jusqu'à refus. Dès que la liqueur est saturée, l'albumine et la globuline se précipitent en fins flocons. On redissout le précipité dans un peu d'eau chlorurée à 10 °/₀, puis on ajoute des cristaux de sulfate de magnésie jusqu'à saturation. La lactoglobuline précipite en fins flocons que l'on sépare facilement par filtration; on lave le précipité sur le filtre, à l'aide d'une solution saturée de sulfate de magnésie.

La lactoglobuline possède les propriétés générales de la globuline du sérum sanguin. (Voir chapitre VI, p. 104.)

Lactalbumine.

Lactalbumine. — Dans le filtratum passent la lactalbumine et la lactose. On extrait la lactalbumine, en ajoutant à la solution des cristaux de sulfate d'ammoniaque jusqu'à refus; la lactalbumine précipite en fins flocons.

La lactalbumine possède les propriétés de la sérum-albumine. (Voir chapitre VI, p. 103.)

Elle n'en diffère que par son pouvoir rotative moindre $[(\alpha)_D = -36°.4$ à $-36°.98]$.

La lactose reste seule en solution.

Lactose.

Lactose. — La lactose, $C_{12}H_{22}O_{11} + H^2O$, est une biose; elle cristallise en prismes à quatre pans; elle se dissout assez bien dans l'eau froide, mieux dans l'eau chaude, peu dans l'alcool. Elle dévie la lumière polarisée vers la droite $[(\alpha)_D = +52°.53]$.

Bouillie avec de l'acide sulfurique ou chlorhydrique étendu, elle se transforme en deux molécules de hexose :

$$C_{12}H_{22}O_{11} + H_2O = 2\,C_6H_{12}O_6.$$

Glucose ou galactose.

De même que la glucose, elle s'engage dans des composés insolubles avec les alcalis (solution alcoolique de soude ou de potasse), avec certains sels métalliques (sels de cuivre ou de plomb), avec le chlorure de benzoïle et la soude caustique, enfin, avec l'acétate de phénylhydrazine.

Réactions principales.

1. *Épreuve de la fermentation.* — La lactose ne fermente pas en présence de levure de bière.

2. *Réaction de Fehling.* — La lactose réduit la liqueur de Fehling, mais son pouvoir réducteur est moindre que celui de la glucose : 100 milligrammes de glucose suffisent à réduire à l'état d'oxydule 20 c. c. de liqueur de Fehling ; cette quantité de liqueur exige pour complète réduction 134 milligrammes de lactose.

3. *Réaction de Rübner.* — On ajoute à 10 c. c. de solution sucrée, 3 grammes d'acétate de plomb et l'on ajoute ensuite de l'ammoniaque ; on chauffe longtemps à l'ébullition. La liqueur prend une couleur rouge plus ou moins manifeste qui se fixe sur le précipité.

4. *Réaction de la phénylhydrazine.* — On fait agir sur 20 c. c. de solution de lactose quelques gouttes de phénylhydrazine et le double d'acide acétique dilué à 50 %. On mélange bien et l'on filtre, s'il y a lieu. On chauffe le filtratum limpide au bain-marie pendant une heure et demie ; par le refroidissement, la lactosazone se montre alors sous forme de cristaux agglomérés en houppes.

Ce composé appartient au groupe des osazones pauvres en azote ; il partage les propriétés de la maltosazone, c'est-à-dire qu'il se dissout dans l'eau chaude, et que le refroidissement le fait cristalliser. Il répond à la formule $C_{18}H_{32}N_4O_9$. Son point de fusion est 200°.

Analyse quantitative du lait.

Poids spécifique du lait.

1. Détermination du poids spécifique du lait. — On détermine le poids spécifique du lait soit au moyen du pycnomètre, en suivant les règles indiquées au chapitre suivant, soit au moyen du densimètre. Quelle que soit la méthode que l'on emploie, il faut au préalable agiter soigneusement le lait afin d'opérer un mélange bien intime de la graisse et de la caséine. Du bon lait de vache pèse de 1.029 à 1.033.

Dosage du résidu solide et du résidu fixe.

2. Dosage du résidu solide et du résidu fixe. — On pèse dans une petite capsule recouverte d'un verre de montre, de 15 à 20 grammes de lait bien mélangé. On évapore au bain-marie jusqu'à siccité. On chauffe alors le résidu dans un bain d'air à 110°-112°, jusqu'au moment où le poids reste constant; ou bien on le place dans un exsiccateur et on le maintient dans cette atmosphère sèche jusqu'au moment où l'on ne constate plus de perte d'eau. On chauffe alors le résidu à l'étuve à 110°-120° pendant quelques heures; on le laisse refroidir dans l'exsiccateur et l'on pèse.

Pendant la dessiccation complète du lait au bain-marie, la lactose se décompose et brunit par la chaleur. On peut éviter cet inconvénient en terminant la dessiccation sur de l'acide sulfurique dans un courant d'air.

Les pertes qui résultent de cette décomposition sont de peu d'importance et peuvent être négligées.

3. **Détermination de la quantité de sels contenue dans le lait.** — On calcine prudemment, au rouge naissant, le résidu pesé de l'évaporation du lait, jusqu'au moment où il ne se dégage plus de fumée. On épuise alors le charbon par l'eau chaude, on filtre sur un filtre lavé de papier suédois ; on dessèche la capsule et le filtre, ainsi que les résidus charbonneux ; on les calcine au rouge vif jusqu'au moment où le charbon apparaît blanc de neige ; on facilite l'incinération en écrasant les fragments de charbon à l'aide d'un couteau en platine. On laisse refroidir les cendres dans l'exsiccateur, puis on ajoute l'extrait aqueux ainsi que les eaux de lavage du charbon ; on évapore, puis on calcine au rouge naissant le résidu de cette évaporation. On laisse refroidir pendant douze heures dans l'exsiccateur et l'on pèse. Le poids donne la quantité de matières salines.

Quantité de sels contenue dans le lait.

4. **Dosage des substances albumineuses dans le lait.** — On dilue 20 c. c. de lait dans 200 c. c. d'eau distillée ; on jette cette masse dans un grand verre de Bohême, puis on acidifie en versant goutte à goutte de l'acide acétique dilué jusqu'à la formation d'un précipité floconneux. On fait alors barboter à travers la solution un courant d'acide carbonique pendant une demi-heure ; on laisse sédimenter pendant douze heures. On filtre à travers un filtre lavé ; on rince le caillot sur le filtre. On récolte le filtratum et les eaux de lavage, on porte à l'ébullition ; on jette sur le même filtre si l'on a en vue le dosage des albumines, sur un autre filtre lavé, si l'on recherche séparé-

Dosage des substances albumineuses dans le lait.

ment la quantité de caséine et d'albumine. On lave à l'eau distillée, à l'alcool, et à plusieurs reprises à l'éther ; on dessèche le précipité au bain d'air à 120°, on laisse refroidir dans l'exsiccateur, puis on pèse le caillot et on le calcine en suivant les règles générales de la calcination. Le poids du caillot diminué du poids des cendres représente le poids total des substances albumineuses.

Cette méthode de dosage n'est pas applicable au lait humain, car la caséine du lait humain ne précipite qu'incomplètement par l'acide carbonique et l'acide acétique.

Dosage de l'azote total par la méthode de Kjeldahl.

5. Dosage de l'azote total par la méthode de Kjeldahl. — On mesure 10 c. c. de lait à la pipette; on verse cette quantité dans un ballon Kjeldahl, on y ajoute 10 c. c. d'acide sulfurique Kjeldahl, environ 0gr.2 d'oxyde jaune de mercure; puis on chauffe jusqu'à décoloration complète du mélange qui avait d'abord noirci. On procède ensuite à la distillation comme il est indiqué plus bas (chapitre VIII, p. 140).

On multiplie la quantité d'azote renseignée par le dosage par le facteur $\frac{100}{15.7} = 6.37$. Le résultat exprime en grammes la quantité de caséine.

Dosage de la graisse dans le lait.

6. Dosage de la graisse dans le lait. — On mesure 30 c. c. de lait que l'on verse dans un flacon bouché à l'émeri ; on alcalinise par addition de 1.5 c. c. de potasse caustique de 1.27 ; on ajoute 100 c. c. d'éther sulfurique absolu et on agite le mélange, de façon à mettre l'éther bien en contact avec le lait alcalinisé. On laisse les liquides se séparer, on décante l'éther que l'on récolte dans un flacon bien bouché. On répète cette opération à plusieurs reprises, jusqu'au moment où l'évaporation d'une petite portion de l'extrait éthéré ne laisse plus de résidu graisseux. On réunit tous ces extraits dans un petit flacon conique et l'on chasse l'éther par une chaleur modérée. Pour terminer l'expulsion des vapeurs d'éther, on fait passer à température modérée un courant d'acide carbonique. On dessèche à l'étuve à température modérée, on achève la dessiccation à l'exsiccateur et on pèse le résidu.

On peut aussi faire usage de l'appareil à extraction de Soxhlet. On verse 20 c. c. de lait dans le filtre Soxhlet préalablement rempli de kaolin calciné; on dessèche pendant plusieurs jours à 100°, puis on fait l'extraction avec 200 grammes d'éther sulfurique absolu. On évapore l'extrait obtenu et l'on pèse le résidu desséché de cette évaporation.

Dosage du sucre dans le lait.

7. Dosage du sucre dans le lait. — On peut utiliser, pour le dosage du sucre dans le lait, le filtratum obtenu après la séparation de la caséine et la coagulation de l'albumine. Il est préférable cependant de prélever 20 c. c. de lait dont on sépare les éléments albuminoïdes, comme il est indiqué ci-dessus, c'est-à-dire par l'action combinée d'un courant d'acide carbonique et d'acide acétique, et l'action de la chaleur. On filtre, puis on reprend le caillot avec de l'eau bouillante et l'on exprime le coagulum albumineux soit à la main, soit à la presse. On réunit les différents extraits, on les réduit à un petit volume (100 c. c.) et l'on y dose le sucre par la liqueur de Fehling, en prenant toutes les précautions indiquées ailleurs (chapitre IX : Dosage du sucre).

Le sucre de lait possède un pouvoir réducteur moindre que la glucose; 10 c. c. de liqueur de Fehling nécessitent, pour leur réduction intégrale à l'état d'oxyde, 0gr.067 de sucre de lait.

Dosage du sucre de lait par le polarimètre.

8. Dosage du sucre de lait par le polarimètre. — On mesure 50 c. c. de lait que l'on additionne de 25 c. c. d'une solution d'acétate basique de plomb ; on porte ce mélange à l'ébullition, dans un ballon muni d'un bouchon percé d'un trou dans lequel s'engage un réfrigérant vertical. Dès que l'ébullition s'est produite, on cesse de chauffer, on laisse refroidir le mélange et l'on filtre ; si les premières portions du filtratum sont encore troubles, on le rejette sur le même filtre.

On remplit, avec les précautions ordinaires, un tube de polarimètre de 200 millimètres et l'on détermine la déviation. Une déviation de 1° égale pour le tube de 200 millimètres 0gr.94 de lactose.

Le calcul de la quantité de sucre de lait se fait suivant les règles indiquées plus haut, c'est-à-dire

$$x = 0.94 \times n,$$

dans laquelle n représente l'intensité de la déviation indiquée en degrés.

CHAPITRE VIII.

L'URINE NORMALE.

L'étude chimique de la sécrétion urinaire est des plus importantes. C'est elle qui fournit les renseignements les plus précis sur la nutrition d'un organisme; c'est, en effet, par l'urine que s'élimine la totalité des dérivés oxydés des substances albuminoïdes; il s'ensuit qu'elle reflète d'une façon presque mathématique l'état de la nutrition.

Elle renseigne aussi l'existence de certains états pathologiques avant même qu'aucun symptôme objectif ne se soit manifesté.

Les moindres détails de cette analyse acquièrent de l'importance et permettent au médecin de s'orienter dans sa recherche clinique.

Nous étudierons :

1° Les caractères physiques de l'urine ;

2° Les caractères chimiques généraux ;

3° Les caractères chimiques des principaux éléments constitutifs de l'urine et les méthodes qui permettent d'en déterminer la quantité.

§ 1. — Caractères physiques.

1. Couleur. — La couleur de l'urine peut, dans certains cas, fournir des renseignements précieux à l'analyse. Couleur.

On peut distinguer pour l'urine une couleur normale et une couleur anormale.

a) *La couleur normale* varie du jaune au rouge brunâtre. On admet des degrés divers de coloration : les urines pâles, c'est-à-dire les urines jaune-paille ; les urines normalement colorées, variant du jaune d'or au jaune d'ambre; les urines concentrées, allant du jaune rougeâtre au rouge; les urines sombres, du rouge brunâtre au brun noirâtre. Vogel a classifié ces différentes teintes en une échelle de coloration croissante.

On comprend qu'à ces variations de couleur correspondent vraisemblablement des variations dans la composition chimique, et avec un peu d'habitude, l'inspection de l'urine permet de présumer dans quelle voie l'analyse doit être conduite.

b) *Couleur anormale.* — L'urine peut aussi présenter une couleur anormale. On donne ce nom aux urines colorées par des substances étrangères, soit que celles-ci proviennent directement de l'organisme, soit qu'elles dépendent de l'ingestion de certains mets ou de certains médicaments.

Les principaux pigments étrangers qui peuvent se rencontrer sont les matières colorantes du sang, les pigments biliaires, etc. Les médicaments qui peuvent influencer la couleur de l'urine sont : le phénol, l'acide chrysophannique, la santonine, etc.

Nous reviendrons plus tard sur l'étude de ces pigments étrangers (voir chapitre IX).

Odeur.

2. **Odeur.** — L'odeur de l'urine n'est pas sans importance. Elle peut, par elle-même, renseigner sur l'existence de cer-

tains états pathologiques, voire même révéler certaines simulations.

Qui n'a été frappé de l'odeur urineuse ou ammoniacale que dégagent certains malades atteints de cystite? Il nous est arrivé d'avoir décelé dans l'urine d'une hystérique la présence de lait fermenté, parce que l'odeur spéciale de l'urine nous avait mis en défiance.

5. **Poids spécifique**. — Il y a, en général, des rapports étroits entre la couleur de l'urine et son poids spécifique. Ce n'est guère que dans le diabète qu'il n'en est pas ainsi; une urine claire et pâle renferme généralement peu d'éléments dissous; par contre, si l'urine est foncée, on peut admettre *a priori* qu'elle est riche en matières dissoutes. Densité.

Le poids spécifique de l'urine varie de 1002 à 1040.

On apprécie le poids spécifique soit à l'aide du densimètre, soit à l'aide du pycnomètre.

Le densimètre-uromètre devra renseigner les densités de 1000 à 1040. Il est bon d'avoir deux densimètres, l'un allant de 1000 à 1020, l'autre de 1020 à 1040, afin d'apprécier avec plus de précision la densité du liquide soumis à l'analyse. Densimètre.

Pour mesurer la densité de l'urine par le densimètre, on la verse dans un cylindre en verre, en ayant soin d'éviter la formation de mousse, et l'on y plonge lentement l'instrument.

Le cylindre doit avoir une largeur suffisante pour que le densimètre flotte librement, sans adhérer aux parois du vase.

On attend, pour faire la lecture, que l'instrument ait pris une position d'équilibre et on lit sur l'échelle graduée le point d'affleurement du sommet du ménisque.

Pycnomètre. L'appréciation de la densité au moyen du pycnomètre repose sur le principe suivant : on pèse un même volume d'eau distillée et d'urine, et l'on divise le poids de l'urine par celui de l'eau.

Le pycnomètre le plus employé consiste en un petit ballon en verre mince, d'une contenance de 25 ou 50 c. c., bouché à l'émeri et portant au col un trait de jauge.

Le col est étroit, afin de réduire au minimum les erreurs de lecture.

On détermine une fois pour toutes le poids de l'instrument vide et sec, puis on remplit jusqu'au trait avec de l'eau distillée et l'on attend pour déterminer le poids que le ballon ait pris la température du milieu ambiant. On vide, on rince, on dessèche l'instrument et l'on procède de même pour déterminer le poids de l'urine.

§ 2. — Caractères chimiques généraux.

Réaction de l'urine. **Réaction.** — La réaction de l'urine est ordinairement *acide*, c'est-à-dire qu'elle rougit le papier de tournesol bleu ; elle peut cependant, dans certains états physiologiques et surtout dans certaines maladies, prendre une réaction *alcaline*, c'est-à-dire bleuir le papier de tournesol rouge. Enfin, il est des cas peu déterminés où la réaction est *amphotérique*, où l'urine réagit à la fois comme un liquide acide, c'est-à-dire rougit le papier de tournesol bleu, et comme un liquide alcalin, bleuissant le papier de tournesol rouge.

Ordinairement, l'urine normale présente une réaction acide, dont les éléments sont restés jusqu'à présent indéterminés ; il est rare cependant qu'un acide libre y prenne une part quelconque, et l'on peut admettre que généralement l'acidité est sous la dépendance de sels acides (phosphate acide de soude, lactates, urates, hippurates).

L'acidité de l'urine est un élément *permanent*, c'est-à-dire qu'une urine à réaction acide conserve assez facilement son degré d'acidité. Urines acides.

Parfois cependant il n'en est pas ainsi, et l'acidité augmente par la conservation de l'urine; il s'agit vraisemblablement, dans ce cas, d'une décomposition du sucre qui existe, d'une façon normale, dans un nombre relativement élevé d'urines.

Le plus ordinairement l'acidité de l'urine diminue.

Ce changement de réaction dépend, en tout premier lieu, de la formation de carbonate d'ammoniaque. Celui-ci se forme facilement aux dépens de l'urée, sous l'influence d'un ferment; mais, tandis que cette fermentation ne s'accomplit que tardivement dans une urine normale, elle se produit facilement et rapidement quand les conditions sont favorables à la fermentation ammoniacale.

On peut facilement s'assurer que l'élément neutralisant est le carbonate d'ammoniaque; l'urine bleuit légèrement le papier de tournesol rouge, mais ce virage ne résiste ni à la dessiccation ni à la chaleur.

Si l'urine est neutre ou alcaline, l'alcalinité peut dépendre : Urines alcalines ou neutres.

a) De la fermentation ammoniacale de l'urine, soit après l'émission, soit déjà dans le réservoir urinaire;

b) De la présence d'un excès de bases fixes, dépendant soit de l'ingestion de certaines substances salines (carbonates alcalins), soit d'une nourriture riche en sels, soit de troubles peu déterminés du métabolisme.

Proportion de résidu solide et de résidu fixe.

Détermination de la proportion de résidu solide et de résidu fixe. — L'urine renferme un grand nombre de corps dissous; ceux-ci s'y trouvent en forte proportion. Le montant du résidu s'élève dans la moyenne des cas à 4.5 °/₀ de matières solides.

Les unes, organiques, sont constituées principalement par les dérivés azotés des substances albuminoïdes (l'urée, l'acide urique, etc.); portées au rouge, elles brûlent sans laisser de résidu fixe, c'est-à-dire qu'elles dégagent tous leurs composants sous forme de gaz (acide carbonique, azote, vapeur d'eau).

Les autres sont les sels inorganiques, dont les principaux sont les chlorures. Ces sels constituent le résidu fixe, c'est-à-dire la portion du résidu qui ne se décompose pas au rouge.

Si donc on évapore à siccité, à une température de 75°, une quantité pesée ou mesurée d'urine, on pourra, par la pesée du résidu solide, déterminer à peu près la quantité de substances dissoutes (décomposition de l'urée). La calcination de ce résidu, puis la pesée des parties non brûlées donnent la proportion de résidu fixe.

Caractères des principaux composés organiques.

1. Urée $CO(NH^2)^2$.

Poids moléculaire 60.

Urée.

L'urée est le terme ultime de l'oxydation des substances albuminoïdes chez les Mammifères.

Elle est très riche en azote (46.66 °/₀) et représente, d'après Pflüger et Bohland, 86.6 °/₀ de l'azote urinaire, le reste se rapportant aux substances voisines (acide urique, créatinine, etc.).

L'homme sain, normalement nourri, élimine en vingt-quatre heures de 22 à 35 grammes d'urée. Si l'on tient compte du poids moyen de l'homme adulte, on constate qu'il élimine de 50 à 60 centigrammes d'urée par kilogramme ; chez l'enfant, la proportion est plus grande jusqu'à l'âge de 12 à 14 ans. Il élimine alors de 70 à 80 centigrammes, et même parfois 1 gramme par kilogramme ; chez le vieillard, on constate une progression décroissante ; chez certains vieillards, le poids de l'urée éliminée descend à 25 centigrammes par kilogramme.

La quantité d'urée dépend donc d'un grand nombre de facteurs ; elle varie avec l'âge, ainsi que nous venons de le voir, avec le poids de l'individu ; elle est sous la dépendance directe de l'alimentation et de la richesse de celle-ci en substances albuminoïdes ; elle est influencée par certains états pathologiques. Tous les états qui impliquent une augmentation du métabolisme entraînent une augmentation dans l'élimination de l'urée (fièvre).

La quantité d'urée est sous la dépendance de l'alimentation, et cependant dans le jeûne l'urine n'en est pas dépourvue (Succi). Il se produit dans ces conditions une courbe décroissante et, au bout de trois à quatre jours, un état d'équilibre et une élimination d'urée qui, chez un chien de 20 kilogrammes, oscille encore entre 9 et 12 grammes. Dans ce cas, l'urée se forme aux dépens des masses musculaires ; 100 grammes de chair musculaire = 3^{gr}.4 d'azote = 7^{gr}.286 d'urée. 1 gramme d'urée représente donc l'utilisation de 13^{gr}.72 de chair musculaire. Il s'ensuit que pendant le jeûne l'organisme consommera autant de fois 13^{gr}.72 d'albumine qu'il élimine de grammes d'urée.

Si l'alimentation est riche en azote, c'est-à-dire si elle renferme une quantité d'albumine correspondante à celle que représente la quantité d'urée éliminée, l'organisme éliminera sous forme d'urée la totalité de l'azote ingéré, plus une petite quantité dont l'origine se trouve dans sa propre substance. Si l'on augmente la ration de viande, il viendra un moment où la portion d'urée due à l'utilisation de la substance propre de l'individu, se réduira à zéro ; il s'établit ainsi un état d'équilibre, dans lequel l'ingestion d'azote est exactement compensée par l'élimination d'azote. C'est l'*état d'équilibre azoté.*

Si l'on dépasse cet état, l'organisme ne transformera pas intégralement l'azote fourni en azote éliminé. Ce n'est qu'après un certain nombre de jours que l'équilibre se rétablira.

L'organisme possède donc le pouvoir de s'adapter, c'est-à-dire de se mettre en état d'équilibre pour des régimes alimentaires différents, pourvu toutefois qu'ils ne soient pas inférieurs à la ration d'entretien.

Propriétés de l'urée.

Propriétés de l'urée. — 1. L'urée se présente sous la forme de cristaux rhombiques, ayant l'aspect d'aiguilles à quatre pans terminées par une petite pyramide ; les formes cristallines sont parfois moins nettes.

Ces cristaux ne renferment aucune eau de cristallisation. Bien séchés, ils fondent entre 130° et 132° ; si la dessiccation n'est point parfaite, ils se décomposent déjà à 100°.

Ils sont très solubles dans l'eau, solubles dans l'alcool, surtout à chaud, insolubles dans l'éther et dans le chloroforme.

2. L'urée se combine facilement aux acides inorganiques et organiques ; ces combinaisons sont des combinaisons molécu-

laires et non des produits de substitution; c'est plutôt une juxtaposition de molécules qu'une véritable combinaison chimique.

Deux de ces combinaisons présentent un véritable intérêt, en raison de leur peu de solubilité. Ce sont le nitrate et l'oxalate d'urée.

Cristaux de nitrate d'urée.

a) *Nitrate d'urée* $(CH^4N^2O), NO^3H$. — Si l'on ajoute un excès d'acide nitrique concentré et exempt de vapeurs nitreuses à une solution concentrée d'urée, il se forme un précipité blanc, cristallin.

Ces particules se présentent sous l'aspect de tables rhomboïdales, qui s'imbriquent l'une sur l'autre ou se juxtaposent. Il peut se faire, que les cristaux aient une forme hexagonale par troncature de l'angle obtus du cristal.

Ce corps se conserve à l'air, se dissout facilement dans l'eau, difficilement dans l'eau ou l'alcool saturés d'acide nitrique; il se décompose par la chaleur.

b) *Oxalate d'urée* $(CH^4N^2O)^2, C^2H^2O^4$. — On l'obtient de la même manière que le nitrate. La forme cristalline de ce composé est sensiblement la même que celle du nitrate d'urée.

Cristaux d'oxalate d'urée.

Les cristaux sont solubles dans l'eau, difficilement solubles dans l'éther, l'alcool et l'acide oxalique. La chaleur les décompose.

3. L'urée s'unit aussi à de nombreux sels (chlorure de sodium), aux chlorures de métaux lourds, entre autres au chlorure de palladium (Drechsel).

La plus remarquable de ces combinaisons est la combinaison de l'urée avec l'oxyde de mercure.

Il peut se former, d'après Liebig, trois combinaisons différentes, selon la concentration de la solution d'urée et la richesse de la solution mercurique :

1° Pour 1 molécule d'urée, 1 molécule d'oxyde mercurique;
2° Pour 2 molécules d'urée, 2 molécules — —
3° Pour 2 — — 3 — — —

La connaissance de ces composés puise son importance dans ce fait que c'est sur la formation de ces corps qu'est basée la méthode de dosage de Liebig, que nous examinerons plus bas.

4. L'urée a une parenté très étroite avec le carbonate d'ammoniaque. La pénétration de deux molécules d'eau dans une molécule d'urée, suffit à transformer celle-ci en sel ammoniacal :

$$CO<^{NH^2}_{NH^2} + 2H^2O = CO<^{ONH^4}_{ONH^4}$$

Urée. Carbonate d'ammoniaque.

Cette hydratation s'observe : *a*) En chauffant la solution d'urée en tubes scellés à 120° pendant plusieurs heures. On admet même qu'elle se produit dans l'évaporation simple des solutions d'urée ;

b) Sous l'influence des ferments organisés qui sont les facteurs de la fermentation ammoniacale de l'urine.

5. En présence d'hypochlorites ou d'hypobromites alcalins, l'urée se décompose en donnant de l'acide carbonique, de l'azote et de l'eau :

$$CH^4N^2O + 3(NaBrO) = 3NaBr + CO^2 + N^2 + 2H^2O.$$

Si la réaction se passe en milieu alcalin, l'acide carbonique reste en solution et l'azote seul se dégage. Parfois le dégagement de l'azote n'est complet que s'il y a un grand excès d'hypobromite; dans le cas contraire, il reste en partie sous forme de cyanate ou de nitrate.

6. La chaleur décompose l'urée en donnant naissance à de l'ammoniaque et à du biuret :

$$\begin{matrix} CO<^{NH^2}_{NH^2} \\ CO<^{NH^2}_{NH^2} \end{matrix} = \begin{matrix} CO<^{NH^2} \\ \quad\;\; >NH \\ CO<_{NH^2} \end{matrix} + NH^3$$

2 molécules d'urée. Biuret.

Réaction du biuret. — On reconnaît le biuret à la réaction suivante : on dissout dans l'eau le résidu de la chauffe après qu'il est refroidi, on alcalinise fortement et l'on additionne d'une ou deux gouttes de solution très diluée de sulfate de cuivre. La liqueur change de teinte, elle vire du bleu au rose ou au pourpre.

Nous avons vu qu'un grand nombre de substances albuminoïdes fournissent la même réaction.

L'urée peut aussi, dans les mêmes conditions, donner naissance à de l'acide cyanurique :

$$3CO<^{NH^2}_{NH^2} = HN.CO - HN.CO - HN.CO + 3NH^3.$$

On décèle la présence de l'acide cyanurique au moyen de la réaction suivante : on dissout dans l'eau la masse fondue et refroidie, on y ajoute une ou deux gouttes d'ammoniaque, on ajoute ensuite une goutte de chlorure de baryum et l'on agite fortement; la formation d'un précipité cristallin indique la présence d'acide cyanurique.

L'ensemble de ces propriétés suffit à caractériser l'urée; nous insisterons spécialement sur les réactions indiquées en 2, 3, 5, 6.

Dosage de l'urée.

Les procédés qui permettent de doser l'urée sont nombreux : on peut la doser directement comme urée, ou indirectement en dosant la totalité de l'azote contenu dans l'urine.

Nous examinerons : 1° la méthode de Kjeldahl ; 2° la méthode de Liebig; 3° la méthode à l'hypobromite de soude.

Les deux premières sont plutôt des méthodes de dosage de l'azote ; la troisième sert plutôt au dosage de l'urée.

Méthode de Kjeldahl.

1. Dosage de l'azote par la méthode de Kjeldahl. — *Principe de la méthode.* — Si l'on chauffe des matières azotées avec de l'acide sulfurique, celui-ci enlève aux substances organiques les éléments de l'eau ; l'acide sulfureux qui se forme sous l'influence de la chaleur par l'action de l'acide sulfurique sur la masse charbonneuse, agit comme réducteur sur les substances azotées. L'azote est transformé en ammoniaque ; après sursaturation de la solution ammoniacale par un alcali caustique, l'ammoniaque est distillée et recueillie dans un acide titré.

L'emploi de cette méthode réclame un certain nombre de réactifs.

1° Acide sulfurique Kjeldahl, ou bien un mélange de deux volumes d'acide sulfurique anglais et un volume d'acide sulfurique fumant;

2° Une solution d'alcali caustique d'une densité de 1.243 (270 grammes de soude caustique ‰ ; 375 grammes de potasse caustique ‰);

3° Une solution de sulfure de potassium à 40 ‰;

4° Une solution d'acide sulfurique normale ou décinormale;

5° Une solution de soude caustique normale ou décinormale;

6° De l'oxyde jaune de mercure.

L'opération comprend trois stades bien distincts : l'oxydation, la distillation, le titrage de l'acide.

1° *Oxydation.* — Pour procéder à l'oxydation de l'urine, on emploie, selon la richesse en azote, 5 ou 10 c. c. d'urine qu'on verse dans un flacon en verre spécial (flacon de Kjeldahl) ; on y ajoute 5 ou 10 c. c. d'acide sulfurique et 20 centigrammes environ d'oxyde jaune de mercure. On chauffe le mélange sous la hotte, jusqu'à ébullition faible, en ayant soin d'incliner le flacon. On prolonge l'ébullition jusqu'au moment où la liqueur, qui s'était d'abord noircie, est devenue claire et limpide. A ce moment, on arrête la chauffe et on laisse refroidir.

2° *Distillation.* — On récolte le résidu qu'on dissout dans le moins d'eau possible, en ayant soin de n'abandonner aucune parcelle cristalline dans le flacon Kjeldahl, et l'on transvase le tout dans un ballon à distillation.

On alcalinise progressivement la liqueur (40 à 80 c. c. de la solution n° 2 suffisent) et l'on s'arrête avant d'avoir complètement neutralisé l'acide ; puis on laisse refroidir. Il est indispensable d'ajouter à ce moment un grand excès de sulfure de potassium (environ 40 c. c.), qui facilite le dégagement de l'azote; celui-ci, en effet, se trouve dans la solution sous la forme d'amide mercurique que les alcalis caustiques ne décomposent qu'incomplètement. Le sulfure de potassium intervient en décomposant l'amide mercurique et en permettant la distillation de toute l'ammoniaque. Il est bon aussi d'ajouter dans le ballon à distillation quelques morceaux de zinc pur ou de talc pour éviter les secousses pendant l'opération. On verse alors le restant de la lessive alcaline et l'on bouche rapidement.

On se sert pour distiller, d'un ballon en verre dur, fermé par un bouchon de caoutchouc, livrant passage à un tube vertical de verre, long de 30 à 40 centimètres et suffisamment large pour permettre aux vapeurs de se condenser et empêcher aussi l'entraînement des gouttelettes alcalines et leur passage dans la solution acide titrée [1]. On fixe ce tube au réfrigérant au moyen d'un bout de caoutchouc. L'extrémité inférieure du réfrigérant est mise en communication avec le récipient contenant la solution d'acide titrée, par l'intermédiaire d'un tube à boules terminé en pointe et plongeant dans l'acide. On chauffe alors doucement jusqu'à ce que la moitié environ du liquide ait distillé. Il est du reste difficile de pousser la distillation plus loin à cause des violentes secousses qui se produisent.

3° *Titrage de l'acide.* — Aussitôt la distillation arrêtée, on sépare le ballon distillateur du réfrigérant, afin d'empêcher l'ascension du liquide contenu dans le ballon récepteur. On sépare aussi le tube à boules du bout inférieur du réfrigérant, on le rince soigneusement à l'aide d'un jet de la pissette. On titre alors l'acide sulfurique non combiné, à l'aide de la solution normale ou décinormale de soude. On emploie comme index soit le méthylorange, soit la teinture de tournesol de May, soit l'acide rosolique; on rejette l'emploi de la phénolphtaléine dont la sensibilité est insuffisante en présence d'ammoniaque.

On déduit de la quantité totale d'acide titré la quantité

---

(1) On trouve dans le commerce des tubes spéciaux avec un ampoule de verre qui mettent bien à l'abri de toute projection.

retrouvée à l'état libre; la différence correspond à la quantité d'acide combiné à l'ammoniaque. Chaque centimètre cube de cette solution titrée correspond à 0.014 ou 0.0014 d'azote, selon que l'on a employé l'acide normal ou décinormal.

Ce procédé, quelque compliqué qu'il paraisse, présente cependant de grands avantages dus à sa précision, à ce qu'il permet de procéder simultanément à un grand nombre d'analyses, et à ce qu'il ne nécessite pas l'attention constante de l'opérateur.

Méthode de Liebig.

2. Dosage de l'azote par la méthode de Liebig. — *Principe de la méthode.* — L'urée, en présence de sels mercuriques, se précipite sous la forme d'une masse blanche, possédant une composition chimique connue. S'il y a dans la solution un excès de mercure, c'est-à-dire s'il y a plus de solution mercurique qu'il n'en faut pour précipiter l'urée, une goutte de ce mélange mise en présence d'une goutte de solution de carbonate de soude précipite sous la forme d'une masse jaune d'oxyde mercureux.

Solutions nécessaires :

1° *Une solution de nitrate mercurique.* — On pèse 71gr.5 de mercure métallique pur que l'on dissout dans de l'acide nitrique concentré. Lorsque tout le mercure est dissous, c'est-à-dire lorsque l'addition d'une faible quantité d'acide nitrique ne produit plus de dégagement de vapeurs nitreuses, on évapore la solution au bain-marie jusqu'à consistance sirupeuse. On ajoute alors petit à petit et en agitant continuellement, 800 c. c. environ d'eau distillée. On transvase dans un verre de Bohême, on recouvre d'une plaque de verre et on laisse reposer pendant trois ou quatre heures. Le liquide s'éclaircit peu à peu, les sels basiques gagnent le fond du vase et s'y déposent.

On filtre alors prudemment la liqueur sans l'agiter, en ayant soin d'éviter que des parcelles non dissoutes ne viennent sur le filtre.

On reprend alors, à l'aide d'une faible quantité d'acide nitrique concentré, les sels basiques; lorsqu'ils sont dissous, on ajoute cette solution à la liqueur mercurique; on rince soigneusement le verre de Bohême à l'aide d'eau distillée, on ajoute cette eau de rinçage aux autres portions, puis enfin on ajoute la quantité d'eau nécessaire pour faire 1 litre.

On peut employer aussi l'oxyde rouge de mercure. On en dissout, après dessiccation et après essai de pureté, 77gr.2 dans de l'acide nitrique jusqu'à dissolution complète. On opère la dilution de la solution comme il est dit ci-dessus.

2° *Une solution barytique.* — On mélange 2 volumes d'une solution, saturée à froid d'hydrate de baryte, et 1 volume d'une solution de nitrate de baryte, saturée à froid.

Cette solution sert à précipiter les phosphates et sulfates contenus dans l'urine. La solution doit être absolument dépourvue de chlorures.

3° *Une solution sodique normale.* — On dilue une solution de carbonate de soude pur jusqu'à ce qu'elle ait atteint la densité de 1.053.

Elle sert à neutraliser l'excès d'acide nitrique libéré pendant la réaction.

4° *Une solution d'urée pure à 2 %.*

Titrage de la solution mercurique. — Il faut, pour que le dosage soit exact, que la solution mercurique ait une concentration telle que 20 c. c. précipitent exactement 20 centigrammes d'urée, soit 10 c. c. de la solution titrée d'urée (solution n° 4).

Si ce point n'est pas atteint et s'il faut plus de 20 c. c., la solution doit être concentrée, par évaporation; s'il faut moins de 20 c. c., la solution doit être diluée davantage.

On détermine facilement, par un calcul simple, la quantité d'eau qu'il faut ajouter à la solution mercurique : supposons que 19.8 c. c. de solution mercurique aient suffi pour précipiter les 10 c. c. de solution d'urée, c'est-à-dire 20 centigrammes d'urée; on établit le calcul suivant :

$$19.8 : 0.2\,(^*) = 1000 : x$$
$$x = 10.1.$$

On mesure alors soigneusement cette quantité que le calcul renseigne, au moyen d'une burette graduée, et on l'ajoute à la solution mercurique.

On s'assure par un nouveau titrage que la quantité d'eau ajoutée est suffisante pour atteindre le degré de dilution de la solution mercurique.

La réalisation technique de cette opération est simple; voici comment on procède :

On verse la solution mercurique dans une éprouvette graduée et on en laisse s'écouler environ 19.7 c. c. dans un verre de Bohême contenant 10 c. c. de la solution d'urée, soit 200 milligrammes de substance. On constate qu'il se forme un précipité blanc floconneux.

On neutralise alors rapidement l'excès d'acide libéré à l'aide de la solution sodique préalablement préparée dans une autre burette. On agite le mélange au moyen d'une baguette de verre et l'on s'assure que toute l'urée est précipitée, c'est-à-dire que le point final de la réaction est atteint.

(*) Ce nombre est la différence entre la quantité de liqueur qu'il faut employer et la quantité réellement employée.

On recherche, dans ce but, la présence dans la liqueur d'un excès de solution mercurique. On prend, à l'aide d'une baguette de verre, une goutte du mélange que l'on dépose dans une soucoupe de porcelaine ou sur une lame de porcelaine, ou sur une plaque de verre reposant sur un fond noir. On dépose, à côté de cette goutte, une goutte d'une solution de carbonate ou de bicarbonate de soude et l'on provoque la fusion des deux gouttes. Si le mélange des deux gouttes conserve sa couleur, c'est-à-dire si le précipité reste blanc, c'est que toute l'urée n'est pas précipitée.

On ajoute alors $\frac{1}{10}$ c. c. de solution mercurique et l'on procède à un nouvel essai. On continue ainsi, par essais successifs, jusqu'au moment où le point de contact des deux gouttes prend une teinte jaune, ce qui indique la présence d'un excès de mercure. On lit alors le nombre de centimètres cubes de la solution mercurique que l'on a employé, et l'on procède à un nouvel essai avec une nouvelle solution d'urée, en ayant soin de laisser s'écouler d'un jet toute la quantité de solution mercurique qu'indiquait la première expérience.

Dans ces conditions, si 20 c. c. de solution mercurique précipitent exactement 10 c. c. de solution, soit 200 milligrammes de substance, 1 c. c. de solution mercurique = 10 milligrammes d'urée.

Dosage de l'urée dans l'urine.

Dosage de l'urée dans l'urine. — Les chlorures, sulfates et phosphates de l'urine précipitent aussi par les sels mercuriques; il faut donc au préalable débarrasser l'urine de ces sels.

On prend 100 grammes d'urine que l'on traite par 50 c. c. de solution barytique, et l'on filtre sur un filtre sec. Si les premières gouttes qui filtrent ne sont pas limpides, on les rejette

10

sur le filtre. On prélève alors pour le dosage une portion de 15 c. c. du mélange qui représente 10 c. c. d'urine.

On y dose l'urée, en suivant les précautions indiquées ci-dessus; il est bon de faire deux ou trois dosages et d'en prendre la moyenne.

Calcul de la quantité d'urée. — Le titre de la solution mercurique est établi pour une solution d'urée à 2 °/₀. La précision du dosage dépend donc en partie de la richesse de la solution d'urée; si l'urine renferme une proportion d'urée plus forte, la combinaison de sel mercurique et d'urée sera l'une des combinaisons pauvres en sel mercurique et la quantité de solution mercurique employée sera trop faible. Inversement, si la proportion d'urée contenue dans l'urine est inférieure à 2 °/₀, la quantité de solution mercurique employée sera trop forte. Dans ces cas, il faut corriger le résultat.

Formule de correction. — Pflüger donne comme formule de correction la formule suivante :

$$C = (V^1 - V^2) \times 0.008$$

dans laquelle C représente le nombre de centimètres cubes qu'il faut soustraire du résultat; V^1 est le volume de l'urine, plus le volume de la solution de soude neutralisante; V^2 représente le volume de la solution mercurique employée.

Il faut noter aussi que l'urine renferme des substances azotées autres que l'urée et qui précipitent aussi par les sels mercuriques : acide urique, créatinine, etc. Il s'ensuit que le dosage par la méthode de Liebig a plutôt la valeur d'un dosage d'azote que d'un dosage d'urée.

Si l'urine est albumineuse, il faut la débarrasser de l'albumine qu'elle tient en solution : le moyen le plus efficace consiste à coaguler l'albumine. On en mesure un volume déterminé, on l'acidule d'acide acétique, on porte à l'ébullition, on filtre; puis, lorsque la liqueur est refroidie, on rétablit le volume primitif par addition d'eau distillée.

§ 3. — Dosage de l'urée par l'hypobromite de soude.

Nous avons indiqué le principe de la méthode en étudiant les propriétés de l'urée. Méthode à l'hypobromite de soude.

En présence d'hypobromite de soude, l'urée se décompose en donnant naissance à de l'azote, de l'acide carbonique, de l'eau :

$$CO<^{NH^2}_{NH^2} + 3NaBrO = 3NaBr + 2H^2O + CO^2 + N^2.$$

L'acide carbonique est retenu en solution, l'azote seul se dégage. La détermination du volume de l'azote dégagé suffit à apprécier la quantité d'urée. On a construit un grand nombre d'instruments qui permettent d'apprécier avec plus ou moins de simplicité et de rigueur le volume de gaz dégagé.

Solution d'hypobromite de soude. — On dissout 100 grammes de soude caustique dans 250 c. c. d'eau distillée; on laisse refroidir la solution et l'on y ajoute peu à peu, en agitant, 25 c. c. de brome; puis on laisse refroidir la liqueur.

Cette solution ne se conserve bien qu'à l'abri de la lumière et peut maintenir son activité pendant plusieurs semaines.

Parmi les instruments employés, nous étudierons les appareils de Depaire, de Hüfner et de Knop.

Appareil Depaire.

Appareil Depaire. — L'appareil Depaire se compose d'un flacon à deux tubulures : l'une supérieure et dont le bouchon, percé d'un orifice, communique au moyen d'un tuyau de caoutchouc avec le flacon mélangeur ; l'autre inférieure et munie d'un ajutage portant un niveau terminé en pointe recourbée, et un robinet. L'appareil est rempli d'eau.

Le flacon mélangeur est un petit flacon en verre épais, à large tubulure et muni d'un bouchon de verre creux de forme conique ; du sommet du cône part le tuyau de caoutchouc qui établit la communication avec l'appareil récepteur.

Mode d'emploi de l'appareil. — Le flacon à déplacement, muni de son niveau, renferme un volume quelconque d'eau. L'équilibre s'établit entre le flacon et le niveau d'eau, et le ménisque de l'eau, contenue dans celui-ci, coïncide avec le niveau de l'eau dans le flacon à déplacement.

On verse dans le flacon mélangeur un excès de la solution de brome ; on y plonge ensuite un godet de gutta-percha renfermant 10 c. c. de l'urine. On bouche le flacon. La pression augmente dans l'ensemble du système et cette augmentation se traduit par la rupture de l'équilibre du liquide contenu dans le flacon à déplacement et dans son niveau. On rétablit cet équilibre en ouvrant le robinet voisin.

On mélange alors l'urine et la solution de brome en inclinant d'abord, puis en agitant le flacon mélangeur. On saisit à cet effet le col de ce flacon entre le pouce et le médius, l'index maintenant le bouchon en place. L'azote se dégage et passe dans le flacon à déplacement en chassant un volume égal d'eau. On récolte dans un cylindre gradué l'eau qui s'écoule en un jet par l'extrémité effilée du niveau d'eau. Lorsque l'écoulement s'est arrêté, on ajoute, à la masse de liquide recueillie, la quantité d'eau, qui s'écoule pendant qu'on rétablit l'équilibre dans les deux parties du flacon à déplacement.

La quantité d'eau recueillie donne la mesure de la quantité d'azote dégagée.

Calcul de l'analyse. — Pour éviter les calculs et les corrections de température et de pression, on procède deux fois de suite à l'analyse : la première analyse se fait avec une quantité connue d'urée; la seconde, avec l'urine même. La proportion suivante permet de chiffrer le résultat.

$$\frac{\text{L'azote (1}^{\text{re}}\text{ expérience)}}{\text{Urée (quantité connue)}} = \frac{\text{l'azote (2}^{\text{e}}\text{ expérience)}}{x}.$$

Uréomètre de Hüfner. — Cet instrument se compose d'un large tube en verre épais, terminé à son extrémité inférieure par une dilatation ampullaire et séparé de celle-ci par un robinet de verre à large filet; à son extrémité supérieure ouverte s'adapte une cuvette de verre, large de 1 décimètre environ et profonde de 30 à 35 millimètres. L'extrémité libre de l'appareil s'ouvre dans un eudiomètre. Tout l'appareil est fixé sur un support de fer. Uréomètre de Hüfner.

La capacité de la dilatation ampullaire, y compris celle de la lumière du robinet qui la limite, doit être une fois pour toutes rigoureusement déterminée.

On détermine facilement cette capacité de la façon suivante : on rince à l'eau distillée, puis à l'alcool, puis à l'éther cette portion de l'appareil et on y verse du mercure en ayant soin d'expulser toutes les bulles d'air qui adhèrent à la paroi. On y parvient en imprimant de petites secousses à l'appareil.

On ferme alors le robinet et on rejette l'excès de mercure.

On récolte ensuite le mercure qui reste dans la dilatation ampullaire et la lumière du robinet; on la pèse et on en divise le poids par le poids spécifique du métal (13.59).

Uréomètre de Hüfner.

Mode d'emploi de l'appareil. — On remplit d'urine la partie inférieure de l'appareil à l'aide d'un entonnoir spécial à longue tige. On ferme le robinet et l'on rince soigneusement à l'eau distillée la portion sus-jacente du tube. On remplit ensuite tout le reste de l'appareil, le tube, la cuvette et l'eudiomètre, de solution d'hypobromite et l'on ouvre prudemment le robinet.

L'urine se mélange à l'hypobromite, l'azote se dégage et s'élève en fines bulles dans l'eudiomètre. Lorsque le dégagement est terminé, on transporte l'eudiomètre (au moyen de la cuiller) dans une cuve à eau, on laisse l'équilibre de température se réaliser (une demi-heure), puis on lit le volume d'azote que l'on a recueilli.

Calcul de la quantité d'azote. — On établit la quantité d'azote en grammes au moyen de la formule

$$x = \frac{V(b - b')}{760(1 + 0.00366\,t)}\,0.001256.$$

V est le volume d'azote recueilli;

b, la pression barométrique réduite à 0;

b', la tension de la vapeur d'eau pour la température *t*.

On déduit facilement de ce résultat la quantité d'urée.

Appareil de Knop. — L'appareil de Knop se compose de deux parties : le vase à décomposition et le récepteur, réunis entre eux et plongés tous deux dans une cuve à eau à température fixe. Appareil de Knop.

Le vase à décomposition est fermé par un gros bouchon de verre creux, dont la cavité se continue par un gros tube de verre, fermé à son extrémité supérieure par un robinet de verre. Le tube est rempli de fragments de verre grossièrement concassé ou de perles de verre ; un tampon de fils de platine assure leur fixité dans le tube.

Un tuyau de caoutchouc réunit l'extrémité supérieure de l'appareil à décomposition à l'appareil de réception.

Ce vase peut être introduit dans le cylindre de verre, qui constitue la cuve à eau, par une tige métallique munie à son extrémité inférieure d'une plaque métallique fixée à angle droit. Une pince-ressort assure la fixité de l'ajutage.

L'appareil récepteur se compose d'un tube en U d'une longueur telle que l'extrémité supérieure, y compris le bouchon, soit immergée. L'une des deux branches du tube est soigneusement calibrée et porte une graduation. Ce tube est maintenu en place par une tige métallique portant des pinces-ressort qui fixent l'appareil et dont le point de suspension se trouve sur les bords de la cuve. Un tube de caoutchouc met en communication la branche non calibrée avec un robinet qui s'ouvre à la partie inférieure du cylindre-cuve.

Mode d'emploi de l'appareil. — On retire le vase à décomposition ; on renverse le bouchon creux et, le robinet de celui-ci étant ouvert, on verse une quantité de lessive bromée suffisante pour humecter les perles de verre, sans qu'il y ait d'écoulement lors du redressement de l'appareil. On verse alors le restant de la lessive bromée nécessaire dans le vase à décomposition. On introduit dans le vase, à l'aide d'une pince, un petit tube de verre fermé inférieurement, contenant la solution à analyser (1). On referme le vase à décomposition, on ouvre le robinet de communication et l'on immerge le tout dans le cylindre à eau ; on rétablit le niveau dans les deux branches du tube en U, on laisse reposer pendant une vingtaine de minutes et on note le niveau. Une petite plaque mobile noire et blanche facilite la lecture du ménisque.

On laisse s'écouler environ 30 c. c. de l'eau contenue dans la branche non calibrée du tube en U; on retire le mélangeur et on mélange progressivement les deux liquides. Le dégagement doit être lent : un dégagement trop intense peut entraîner mécaniquement de petites quantités de gaz ammoniac qui, si la quantité n'en est pas trop grande, serait retenu par la lessive recouvrant les perles de verre.

On replonge le tout dans l'eau et on laisse reposer dix minutes environ; on rétablit le niveau dans les branches du tube en U et on lit combien de centimètres cubes d'azote se sont dégagés.

Le calcul de l'analyse se fait comme dans l'emploi de l'uréomètre de Hüfner.

---

(1) On construit actuellement des flacons mélangeurs spéciaux, munis d'une cloison de verre qui sépare le flacon en deux parties.

2. Acide urique $C^5H^4N^4O^3$.

Poids moléculaire 168. — 33.35 % d'azote.

Une quantité notable d'azote s'élimine sous forme d'acide urique. On peut admettre que l'homme sain en élimine de 0gr.20 à 1 gramme pour une proportion de 25 à 35 grammes d'urée. Acide urique.

Ce corps se rencontre soit à l'état libre, soit à l'état de sels (de sodium, de potassium, d'ammonium). Son élimination est grandement influencée par certains états pathologiques; parfois même ce corps forme des concrétions qui peuvent prendre naissance à différents points du système urinaire.

L'acide urique est surtout abondant dans les excréments d'oiseaux dont il constitue le terme ultime du métabolisme; on le trouve aussi dans l'urine des serpents et de certains insectes.

Extraction de l'acide urique. — On traite 1 litre ou 1 $^1/_2$ litre d'urine par un excès d'acide chlorhydrique concentré et on laisse reposer dans un endroit frais pendant vingt-quatre heures.

L'acide urique se précipite en cristaux plus ou moins colorés; on filtre, on lave à l'eau sur le filtre et on dessèche à l'étuve.

Propriétés de l'acide urique. — 1. Insipide, inodore, insoluble dans l'eau froide ($^1/_{14000}$), peu soluble dans l'eau chaude ($^1/_{1800}$), insoluble dans l'alcool, dans l'éther.

L'acide urique jouit des propriétés d'un acide : il rougit le papier de tournesol, se dissout dans les solutions d'alcalis caustiques et de carbonates alcalins en donnant naissance à des sels (sels acides ou sels neutres). Ces sels sont solubles dans l'eau et leurs solutions ont une réaction acide.

2. En présence de métaux lourds et principalement de sels d'argent, l'acide urique se précipite et réduit le sel d'argent.

3. Les acides minéraux en excès, l'acide chlorhydrique surtout, précipitent l'acide urique en cristaux de formes variables. Ils ont généralement la forme de petites tables rhomboïdales plus ou moins pigmentées ; parfois ils ont l'aspect de tables hexagonales, par troncature portant sur l'angle obtus du rhomboïde.

Ils présentent parfois d'autres formes encore (palissades, tonneaux, etc.).

4. L'action prolongée de l'hypobromite de soude le décompose et met en liberté environ 47 à 48 °/₀ de l'azote qu'il renferme.

5. La chaleur le décompose en dégageant de l'acide cyanhydrique.

6. En présence de liqueurs cupro-alcalines (liqueur de Fehling, réaction de Trommer) et par une ébullition prolongée, l'acide urique agit comme réducteur et précipite de l'oxydule de cuivre.

7. *Réaction de Schiff.* — Si l'on traite une solution d'urate de soude par un peu de nitrate d'argent et que l'on y plonge un fragment de papier buvard, on constate l'apparition d'une tache noire d'argent métallique réduit.

Réactions. — On reconnaît la présence d'acide urique aux caractères suivants :

1. La forme cristalline.

2. Réaction de murexide. On prend une petite quantité

d'acide urique, on la chauffe prudemment sur une lame de platine avec de l'acide nitrique. L'acide urique se dissout; on évapore cette solution à siccité et l'on obtient un résidu jaunâtre, parfois légèrement rougeâtre, qu'on laisse refroidir.

Ce résidu prend, quand on l'humecte à l'aide de gouttes d'ammoniaque, une teinte pourpre intense (purpurate d'ammoniaque, murexide).

La réaction se produit de la façon suivante :

L'oxydation de l'acide urique par l'acide nitrique donne une combinaison d'alloxane avec l'acide dialurique. L'ammoniaque transforme cet acide en amide (murexane). L'acide purpurique est une combinaison de l'alloxane avec cette amide.

3. L'action de la chaleur et le dégagement d'acide cyanhydrique. On chauffe un peu d'acide urique sur une lame de platine et lors de la combustion on recherche l'odeur caractéristique de l'acide cyanhydrique.

Dosage de l'acide urique par la méthode de Ludwig.

Dosage de l'acide urique par la méthode de Ludwig.

Principe de la méthode. — Le nitrate d'argent ammoniacal en présence de sels neutres ou d'une solution ammoniaco-magnésienne, précipite l'acide urique et les urates à l'état de combinaison.

Les sulfhydrates, les sulfures alcalins mettent l'acide urique en liberté, sous forme d'urates alcalins.

On décompose ces derniers par l'action de l'acide chlorhydrique, et l'acide urique libéré cristallise; on dessèche les cristaux et on les pèse.

SOLUTIONS NÉCESSAIRES :

1° *Solution ammoniacale d'argent.* — On dissout 26 grammes de nitrate d'argent pur dans de l'eau distillée; on ajoute de l'ammoniaque jusqu'au moment où il se forme un faible précipité brun d'oxyde d'argent qui se redissout, et l'on dilue pour faire 1 litre.

2° *Solution ammoniaco-magnésienne.* — On dissout 100 gr. de chlorure de magnésium dans de l'eau, puis on y ajoute un excès d'une solution, saturée à froid, de chlorure d'ammonium. On ajoute alors de l'ammoniaque, jusqu'à ce que l'odeur du liquide soit devenue franchement ammoniacale et l'on dilue pour faire 1 litre. (Cette solution doit être absolument limpide.)

3° *Solution de sulfhydrate alcalin.* — On dissout 10 grammes de soude caustique (privée d'acide nitrique et d'acide nitreux) dans 1 litre d'eau; on divise cette solution en deux portions égales, et dans l'une d'elles, on fait barboter jusqu'à saturation de l'hydrogène sulfuré; puis on réunit de nouveau les deux portions.

Dosage de l'acide urique dans l'urine. — On opère sur 100 c. c. d'urine, que l'on verse dans un vase à précipité; on prépare dans un autre vase le mélange de solution d'argent et de mixture ammoniaco-magnésienne (10 c. c. de la solution ammoniacale d'argent + 10 c. c. de la solution ammoniaco-magnésienne). On dissout dans de l'ammoniaque le précipité qui se forme pendant cette préparation.

On verse cette solution dans l'urine, en agitant et l'on obtient un précipité, qui gagne rapidement le fond du vase; on filtre à la trompe; on lave à deux ou trois reprises à l'eau ammoniacale. Le liquide laveur servira à rincer le vase dans lequel on a fait la réaction et à en retirer jusqu'aux dernières portions du précipité. On sépare le précipité du filtre avant qu'il soit complètement sec, au moyen d'une baguette de verre et sans entamer le papier.

On verse dans un autre vase le précipité qu'on vient de récolter, on y ajoute 10 c. c. de la solution de sulfhydrate alcalin, dilué de moitié, et on chauffe à feu nu jusqu'à ébullition. On continue à chauffer jusqu'au moment où le précipité a pris une teinte uniformément noire, mais en évitant de chauffer trop ou trop longtemps, un excès de chaleur amenant une perte notable d'acide urique. On jette alors le précipité noir sur le même filtre, on rince le précipité à l'eau bouillante et l'on recueille le filtratum et les eaux de lavage dans une capsule en porcelaine.

On acidifie au moyen d'acide chlorhydrique (5 c. c. d'acide d'une densité de 1.12 suffisent). On concentre la liqueur de manière à n'avoir que 10 à 15 c. c. En une heure, l'acide cristallise. On le porte sur un filtre de laine de verre taré, on lave soigneusement à l'eau ammoniacale et l'on dessèche à 110°; on laisse refroidir dans un exsiccateur et l'on pèse.

Dosage de l'acide urique par la méthode de Haycraft.

Dosage volumétrique de l'acide urique.

Principe de la méthode. — L'acide urique, en présence de sels de magnésie, précipite par le nitrate d'argent ammoniacal, et le précipité renferme 1 molécule d'acide urique pour 1 atome d'argent.

La détermination de la quantité d'argent contenue dans le précipité suffit par conséquent à apprécier la quantité d'acide urique.

SOLUTIONS NÉCESSAIRES :

1° *Solution ammoniacale de nitrate d'argent.* (Voir procédé de Ludwig.)

2° *Mixture magnésienne.* (Voir procédé de Ludwig.)

3° *Solution de sulfocyanure de potassium $^1/_{50}$ normale.* — On dissout environ 2 grammes de sulfocyanure de potassium dans 1 litre d'eau et l'on établit le titre de la solution à l'aide d'une solution titrée de nitrate d'argent. (Voir plus bas : Dosage du chlore.)

4° *Titrage de la solution de sulfocyanure de potassium.* — 1 c. c. de la solution = 1 c. c. de solution de nitrate d'argent $^{1}/_{50}$ normale.

On mesure à la pipette 10 c. c. de solution de nitrate d'argent, et après addition de quelques gouttes d'une solution d'alun ferrique, saturée à froid, on y laisse s'écouler la solution de sulfocyanure jusqu'au moment où la liqueur prend une teinte rouge, grâce à la formation de sulfocyanure de fer.

Ce titre doit être très exactement établi.

Technique de la méthode. — On ajoute à 50 c. c. d'urine 5 c. c. de solution ammoniacale d'argent et 5 c. c. de mixture magnésienne; on laisse sédimenter pendant quelque temps, puis on filtre à la trompe (1) en décantant la couche limpide. On ajoute sur le filtre quelques grammes de bicarbonate de soude en fragments, puis on porte le précipité sur le filtre. On lave soigneusement le verre de Bohême ainsi que le précipité sur le filtre, jusqu'au moment où les eaux de lavage sont privées de chlore et d'argent. Il faut éviter de continuer l'aspiration par la trompe pendant ce lavage, à cause de l'entraînement des particules les plus fines du précipité.

On reprend, dans de l'acide nitrique à 20-30 °/₀, le précipité bien lavé sur le filtre. (Cet acide doit être chimiquement pur.) Après la dissolution du précipité, on lave le filtre à l'aide de

---

(1) *Préparation du filtre.* — On place dans un entonnoir une rondelle de platine percée de trous; on étend sur cette rondelle un peu de laine de verre, puis au-dessus des filaments d'asbeste humectés d'eau. On tasse ces différentes couches à l'aide d'une baguette de verre, de façon à former une sorte de feutrage serré.

L'asbeste doit être bien lavée à l'acide chlorhydrique, puis à l'eau, jusqu'à disparition des dernières traces de chlore.

la trompe, au moyen d'une solution diluée d'acide nitrique pur, puis d'eau distillée.

On détermine alors, au moyen de la solution de sulfocyanure de potassium, en présence de quelques gouttes d'alun ferrique, la quantité d'argent passée en solution.

Calcul de l'analyse. — 1 c. c. de la solution de sulfocyanure de potassium correspond à 3.36 milligrammes d'acide urique; on multiplie le nombre de centimètres cubes de la solution de sulfocyanure employé pour atteindre le point final de la réaction par 3.36.

5. Corps du groupe de la xanthine.

Tous les corps qui constituent ce groupe sont très voisins l'un de l'autre; ce sont pour la plupart des termes de l'oxydation de l'un d'eux. Ils se rapprochent beaucoup de l'acide urique, ainsi que le montre leur constitution moléculaire : Corps du groupe de la xanthine.

HN — CO CO — C — NH HN — C — NH >CO	HN - CH CO — C — NH HN — C — N >CO
Acide urique.	Xanthine.

L'examen des formules démontre aussi cette oxydation croissante :

$C^5H^4N^4O^3$. . . . . Acide urique.
$C^5H^4N^4O^2$. . . . . Xanthine.
$C^5H^4N^4O$ . . . . Hypoxanthine.

Tous ces corps se rencontrent dans l'urine normale en proportions variables, parfois assez considérables, mais leur signification clinique est encore indéterminée.

Propriétés des corps du groupe de la xanthine. — 1. Tous ces corps forment avec les acides et les bases des combinaisons cristallines.

La plus remarquable des combinaisons avec les acides s'obtient par l'acide phosphotungstique et par l'acide picrique (guanine, paraxanthine).

Les principales combinaisons métalliques se font avec les sels de mercure et les sels d'argent. Tous ces corps, sans exception, précipitent par le bichlorure de mercure et par le nitrate d'argent ammoniacal.

2. *Réaction de Weidel.* — La plupart de ces corps donnent une sorte de réaction de murexide qui porte le nom de réaction de Weidel.

On dissout une portion de corps dans de l'eau de chlore fraîche et l'on évapore au bain-marie à siccité.

On place le résidu blanc ou jaunâtre de cette opération, sous une cloche renfermant des vapeurs d'ammoniaque; le résidu prend une coloration, qui varie d'après la nature du corps.

La xanthine et ses deux homologues, l'hétéro- et la paraxanthine, ou mieux la méthyl- et la diméthylxanthine, prennent une couleur d'un rouge sombre ou franchement pourpre.

La guanine et l'hypoxanthine ne donnent pas cette réaction.

3. La xanthine et la guanine fournissent avec l'acide nitrique une réaction spéciale.

On dissout de la xanthine ou de la guanine dans l'acide nitrique à chaud; on évapore à siccité au bain-marie. La xanthine laisse un résidu jaune-citron, qui se dissout dans la soude caustique en prenant une couleur orange. Si l'on évapore cette nouvelle solution, celle-ci prend une teinte violette et laisse un résidu pourpre qui devient indigo par dessiccation.

4. Tous les corps du groupe dégagent par calcination des vapeurs d'acide cyanhydrique.

5. A l'état libre, ces corps sont blancs, cristallisables, insolubles dans l'eau, l'alcool et l'éther.

6. Les principaux corps de ce groupe sont :

Xanthine	$C^5H^4N^4O^2$.
Hétéroxanthine (méthylxanthine) . .	$C^5H^3N^4O^2CH^3$.
Paraxanthine (diméthylxanthine) . .	$C^5H^2N^4O^2(CH^3)^2$.
Guanine	$C^5H^5N^5O$.
Hypoxanthine	$C^5H^4N^4O$.
Adénine	$C^5H^5N^5$.
Carnine	$C^7H^8N^4O^3$.

4. Créatinine $C^4H^7N^3O$.

Poids moléculaire, 113. — 37.16 °/₀ d'azote.

Cette substance est en relation très étroite avec la créatine dont elle est, en quelque sorte, l'anhydride. La créatine est elle-même en rapport très voisin avec la guanine. Les formules suivantes démontrent les liens qui unissent ces substances entre elles : Créatinine.

$$C\begin{cases} NH^2 \\ NH \\ NH^2 \end{cases} \quad \text{Guanidine.}$$

$$C\begin{cases} NH^2 \\ NH \\ NH - CH^2 - COOH \end{cases} \quad \text{Glycocyamine.}$$

$$C\begin{cases} NH^2 \\ NH \\ N(CH^3)CH^2 - COOH \end{cases} \quad \text{Créatine.}$$

$$C\begin{cases} NH \\ NH \\ N(COH^2)CH^2O \end{cases} \quad \text{Créatinine.}$$

La créatine ne se rencontre pas dans l'urine; par contre, la créatinine en constitue un élément normal.

Propriétés générales de la créatinine. — 1. Cristallise en prismes incolores, brillants. Les cristaux se disposent parfois en rayon. Elle est un peu soluble dans l'eau froide, plus soluble dans l'eau chaude; elle se dissout moins bien dans l'alcool. L'éther n'en dissout que des quantités insignifiantes.

2. La créatinine est une base faible et possède une réaction faiblement alcaline. Elle se combine à la plupart des acides minéraux et forme des sels qui cristallisent. Les combinaisons avec l'acide phosphotungstique, l'acide phosphomolybdique, l'acide picrique, sont quasi insolubles.

3. Elle se combine à certains sels minéraux.

Certaines de ces combinaisons acquièrent une grande importance, parce qu'elles permettent de doser la créatinine. Le chlorure mercurique donne avec la créatinine un abondant précipité caséeux, qui se prend peu à peu en une masse cristalline.

La combinaison de chlorure de zinc et de créatinine est plus importante encore.

Si l'on ajoute, à une solution aqueuse ou alcoolique de créatinine, une solution concentrée et *neutre* de chlorure de zinc, il se forme un précipité cristallin.

Examinés au microscope, ces cristaux se montrent sous la forme de petits prismes, rarement isolés, généralement réunis en houppes ou en rosettes ayant une forme radiée caractéristique.

Cette combinaison est peu soluble dans l'eau froide, plus soluble dans l'eau chaude, insoluble dans l'alcool ; elle se dissout dans les acides minéraux et dans les hydrates alcalins.

4. La créatinine réduit les liqueurs cupro-alcalines sans que

l'oxydule de cuivre se précipite. On produit la précipitation en saturant la liqueur par du carbonate de soude.

5. *Réaction de Weyl.* — Si l'on traite une solution de créatinine par une solution très étendue et fraîche de nitroprussiate de soude, et de soude caustique diluée, la solution prend une teinte rouge-rubis, puis jaune.

Si alors on sature la solution à l'aide d'acide acétique et que l'on chauffe, elle prend une couleur verdâtre, puis bleue, et enfin il se forme un précipité de bleu de Prusse.

Il ne faut pas perdre de vue que l'acétone présente une réaction analogue (réaction de Legal). Elle diffère toutefois en ce que l'addition d'acide acétique ne fait point apparaître la teinte verdâtre.

6. *Réaction de Jaffé.* — Si l'on ajoute à une solution de créatinine un peu d'acide picrique en solution aqueuse et quelques gouttes de soude caustique étendue, la liqueur vire d'une façon immédiate au rouge intense.

Aucun autre élément de l'urine normale ne donne une réaction de ce genre; seul, l'acétone prend dans les mêmes conditions une teinte jaune rougeâtre.

7. En présence de créatinine, une solution très diluée de chlorure ferrique prend une couleur rouge sombre. La chaleur assombrit encore la couleur. Les acides amidés donnent la même réaction.

Recherche de la créatinine dans l'urine. — Pour déceler dans l'urine la présence de créatinine, il suffit d'avoir recours à l'une des trois dernières réactions. Seul, l'acétone peut induire en erreur; pour se mettre à l'abri de cette cause d'erreur, il suffit de faire bouillir l'urine pendant quelques minutes avant de faire ces réactions.

Dosage de la créatinine.

Dosage de la créatinine. — On alcalinise par un lait de chaux 240 c. c. d'urine; on y ajoute du chlorure de chaux; on dilue à 300 c. c. et on filtre.

On prélève de cette quantité 250 c. c. que l'on acidule à l'aide d'acide acétique pour empêcher la transformation de créatinine en créatine. On concentre au bain-marie et l'on réduit à un volume de 20 c. c. environ : on ajoute à cette liqueur une égale quantité d'alcool absolu. On porte ce mélange dans un ballon jaugé de 100 c. c., renfermant un peu d'alcool absolu; on rince le premier récipient à l'alcool absolu, on réunit le tout et l'on ajoute la quantité d'alcool absolu nécessaire pour faire 100 c. c. On abandonne au repos pendant vingt à vingt-quatre heures; durant ce repos, le chlorure de sodium se précipite. On filtre et l'on ajoute 0.5 à 1.0 c. c. d'une solution alcoolique de chlorure de zinc pour 80 c. c. de solution. On abandonne au repos pendant deux ou trois jours, on filtre sur filtre taré; on lave à l'alcool; on sèche à 100°, et on pèse.

Calcul de la créatinine. — La quantité de substance trouvée représente la quantité contenue dans les deux tiers du volume primitif de l'urine. Dans cette masse cristalline, la créatinine pure est représentée par 62,44 °/₀ de la masse.

5. Ammoniaque NH^3.

Poids moléculaire, 17. — 82.35 °/₀ d'azote.

Ammoniaque.

L'ammoniaque existe constamment dans l'urine, dans des proportions qui varient de $0^{gr}.6$ ou $0^{gr}.8$ à $1^{gr}.2$ en vingt-quatre heures.

A l'état normal, elle a son origine dans la régression des substances albuminoïdes et dans l'ingestion de sels ammoniacaux.

Ceux-ci s'éliminent sous forme d'ammoniaque s'ils proviennent d'un sel ne pouvant dégager de l'acide carbonique par décomposition (sulfate d'ammoniaque); si, par contre, l'ammoniaque forme un sel capable de dégager de l'acide carbonique lors de sa décomposition, l'élimination se fait sous forme d'urée (formiate d'ammoniaque).

La plupart des sels ammoniacaux se dissolvent bien, ils sont volatils, ils se décomposent par la chaleur, ainsi que par l'action des alcalis fixes, qui mettent en liberté l'ammoniaque.

Les sels ammoniacaux forment avec le chlorure de platine des sels doubles, qui se décomposent par l'action des alcalis fixes et mettent de l'ammoniaque en liberté.

Le réactif de Nessler [1] les précipite.

On reconnaît facilement la présence de sels ammoniacaux en décomposant le sel ammoniacal par un excès d'alcali et en approchant de l'orifice du tube à essai une baguette de verre imbibée d'acide chlorhydrique. Il se forme dans ces conditions des vapeurs caractéristiques de chlorhydrate d'ammoniaque.

Dosage de l'ammoniaque dans l'urine. — Méthode de Schlösing.

Dosage de l'ammoniaque dans l'urine.

Solutions nécessaires :

a) Solution décinormale d'acide sulfurique;

b) Solution décinormale de soude caustique.

---

[1] *Réactif de Nessler.* — On dissout 2 grammes d'iodure de potassium dans 50 c. c. d'eau et l'on ajoute dans la solution chaude de l'iodure de mercure jusqu'à refus. On dilue la solution dans 20 c. c. d'eau et l'on ajoute de la lessive de potasse (deux parties de liqueur et trois parties de lessive alcaline); on filtre, s'il y a lieu.

Méthode de Schlösing.

Principe de la méthode. — On décompose, sous une cloche hermétiquement close, les sels ammoniacaux par un excès d'alcali caustique; on place sous cette cloche une quantité suffisante d'acide sulfurique décinormal, qui absorbe l'ammoniaque libérée.

Technique de la méthode. — On place sous une cloche de verre bien rodée et bien fixée une capsule de porcelaine renfermant 25 c. c. d'urine; on alcalinise fortement à l'aide d'un lait de chaux bien fin. Sur un trépied de verre, on dispose une capsule renfermant 100 c. c. d'acide décinormal. On ferme rapidement la cloche et on abandonne pendant trois à quatre jours. On titre l'acide au méthylorange.

Calcul de la quantité d'ammoniaque. — L'abaissement du titre de l'acide employé représente l'acide saturé par l'ammoniaque. On multiplie le nombre de centimètres cubes saturés par le facteur 0.0017.

Modification de Würster. — Cette modification permet de doser l'ammoniaque avec plus de rapidité.

On distille l'urine fortement alcalinisée, après addition de quelques fragments de zinc pour régulariser l'ébullition. On recueille l'ammoniaque dans un ballon renfermant la quantité nécessaire d'acide sulfurique titré.

Principes minéraux de l'urine.

Si l'on évapore l'urine au bain-marie, puis qu'on calcine le résidu solide, une partie de celui-ci brûle en laissant un charbon léger, difficilement combustible, et un résidu cristallin, qui représente les principes minéraux de l'urine.

Ceux-ci sont des combinaisons des bases suivantes : sodium, potassium, calcium, magnésium ; et des acides : chlore, phosphore, soufre.

1. Chlore.

L'urine renferme toujours une notable proportion de chlore, combiné pour la plus grande part au sodium. La quantité de chlorure de sodium éliminée par la voie rénale varie de 15 à 20 grammes. Chlore.

L'élimination du chlore est étroitement subordonnée à l'alimentation ; dans la fièvre, dans le jeûne, elle diminue faiblement; elle est encore plus intimement liée à la nutrition des tissus, l'élimination s'abaissant à son minimum lors de la formation d'exsudats ou d'abcès.

L'importance clinique du dosage du chlore est donc considérable et de nature à rendre de grands services aux praticiens.

Dosage du chlore. — *Principe de la méthode.* — On précipite tout le chlore dissous sous la forme de chlorure d'argent; on indique la fin de la réaction par addition d'un autre corps ayant pour l'argent une affinité moindre et formant avec les sels d'argent une combinaison de couleur différente. Dosage du chlore.

On a préconisé différentes méthodes pour le dosage des chlorures alcalins.

1. Méthode de Wolhardt. Méthode de Wolhardt.

SOLUTIONS NÉCESSAIRES :

1° *Solution de nitrate d'argent.* — On pèse 29gr.075 de nitrate d'argent bien pur et fondu ; on dissout cette quantité dans de l'eau distillée, puis on dilue pour faire 1 litre.

1 c. c. de cette solution correspond à 0gr.01 de NaCl.

On peut aussi faire une solution décinormale de ce sel, en dissolvant dans l'eau distillée la quantité de sel que le calcul renseigne (17 grammes).

Dans ce cas, 1 c. c. de la solution d'argent correspond à 0.00585 de chlorure de sodium.

2° *Une solution d'alun ferrique et d'ammoniaque.* — On se sert d'une solution d'alun ferrique et d'ammoniaque saturée à froid, ou bien d'une solution de sulfate ferrique rigoureusement privée de chlore.

La solution renferme environ 50 gr. °/₀₀.

3° *Une solution de sulfocyanure de potassium.* — On pèse environ 10 grammes de ce sel que l'on dissout dans 1 litre d'eau distillée.

Il faut que 1 c. c. de cette solution soit équivalent à 1 c. c. de la solution d'argent.

Établissement du titre. — On remplit de cette solution une burette graduée divisée en dixièmes de centimètre cube. On mesure, à l'aide d'une pipette, 10 c. c. de la solution de nitrate d'argent. On y ajoute 4 c. c. d'acide nitrique pur et 5 c. c. de la solution d'alun ferrique; on laisse alors s'écouler dans ce mélange de la solution de sulfocyanure jusqu'au moment où la teinte du liquide vire au rouge. On fait de même plusieurs essais; on note tous ces résultats et l'on en établit la moyenne. Celle-ci renseigne sur le degré de dilution ou de concentration nécessaires : Soit, par exemple, 9.4 le résultat moyen, c'est-à-dire la quantité de solution nécessaire pour provoquer le virage de la solution.

$$9.4 : 10.0 :: 1000 : x.$$

x représente la quantité d'eau à ajouter.

Dosage du chlore dans l'urine. — On mesure à la pipette 10 c. c. d'urine; on verse cette quantité dans un ballon jaugé d'une contenance de 100 c. c.; on y ajoute 4 c. c. d'acide nitrique pur ; on mélange bien ; on mesure à la pipette 10 c. c. de la solution titrée de nitrate d'argent; on mélange bien, puis on remplit d'eau distillée jusqu'au trait de jauge. On jette sur un filtre à plis sec; la filtration se fait rapidement et livre un liquide clair.

On prélève 50 c. c. du filtratum, on y ajoute quelques gouttes de la solution d'alun ferrique. On titre dans cette portion de liquide, qui représente 5 c. c. d'urine, l'argent non combiné au moyen de la solution titrée de sulfocyanure.

On laisse s'écouler goutte à goutte dans le mélange la solution de sulfocyanure portée dans une burette; chaque goutte de cette solution produit à son point de contact avec la liqueur une coloration d'un rouge de sang qui disparaît par agitation; on prolonge l'écoulement jusqu'au moment où la teinte rouge persiste.

Calcul de la quantité de chlore de l'urine. — Supposons qu'il ait fallu, pour atteindre la fin de la réaction, employer 4.7 c. c. de solution de sulfocyanure. Cette quantité représentera l'excès d'argent contenu dans la moitié de la solution, soit 5.0 — 4.7 = 0.3 c. c. de nitrate d'argent combiné au chlore, soit pour la quantité totale d'urine employée 0.6. Or, 1 c. c. de la solution d'argent précipite 0gr.01 de chlorure; 0.6... 0.01 = 0gr.006 de NaCl.

2. Méthode de Mohr.

Méthode de Mohr.

SOLUTIONS NÉCESSAIRES :

1° *Solution de nitrate d'argent* (voir ci-dessus);

2° *Solution de chromate neutre de potassium.* — On purifie soigneusement le chromate par cristallisations répétées; on en pèse 20 grammes que l'on dissout dans 100 grammes d'eau.

Dosage du chlore dans l'urine par la méthode de Mohr. — On mesure 10 c. c. d'urine à la pipette, on y ajoute quelques gouttes de la solution de chromate jaune de potassium. On laisse s'écouler, goutte à goutte, de la burette graduée la solution de nitrate d'argent, jusqu'au moment où la totalité du chlore est précipitée ; dès que ce point est atteint, l'addition d'une nouvelle goutte de solution d'argent détermine la formation de chromate neutre d'argent qui tranche sur le précipité blanc de chlorure d'argent par sa couleur rosée. Ce point est le point final de la réaction. On lit le nombre de centimètres cubes de solution d'argent mis en usage et on multiplie ce nombre par la valeur 0.01.

Cette méthode est rapide et d'une exécution facile ; cependant la détermination du point final manque de précision ; de plus, de nombreuses bases azotées qui figurent à titre presque constant dans l'urine, précipitent par le nitrate d'argent et faussent le résultat.

Modification de Neubauer-Salkowski.

3. Modification de Neubauer-Salkowski. — On évapore 10 c. c. d'urine au bain-marie, avec environ 1 gramme de carbonate de soude sec et pur, et 3 à 6 grammes de salpêtre.

On calcine prudemment le résidu, à température pas trop élevée, rouge sombre.

Lorsque la masse est refroidie, on la dissout dans l'eau distillée et l'on y dose le chlore par l'une ou l'autre des méthodes indiquées ci-dessus.

2. Phosphore.

Phosphore.

Le phosphore existe dans l'urine sous forme organique (acide phosphoglycérique) ou sous forme inorganique. Sous cette dernière forme, il existe trois variétés de phosphates : les phosphates monométalliques, les phosphates bimétalliques et les phosphates neutres. Ces corps répondent aux formules suivantes :

$$PhO^4H^2M,$$

$$PhO^4H\,M^2,$$

$$PhO^4M^3.$$

Les phosphates monométalliques peuvent être facilement transformés en sels bimétalliques et ceux-ci, à leur tour, en sels trimétalliques neutres, par l'action d'hydrates ou de carbonates alcalins ou alcalino-terreux. Inversement, on peut réduire des phosphates neutres en phosphates bi- ou monométalliques par l'action des acides.

1. Si l'on fait agir un alcali caustique sur une solution de phosphate acide alcalin soluble, ce sel se transforme soit en sel bimétallique, soit en phosphate neutre, tous deux également solubles, et la liqueur reste limpide; seule, la réaction change.

$$PhO^4H^2Na + NaOH = PhO^4HNa^2 + H^2O.$$

2. Si, par contre, on fait agir de la soude caustique sur une solution d'un phosphate acide alcalino-terreux (soluble), il se forme un précipité de phosphate neutre ou de phosphate mono-acide insolubles :

$$(PhO^4H^2)^2Ca + NaOH = 3Ca(Na^2PO^4)^2 = (PhO^4)^2Ca^3 + 2PhO^4Na^3.$$

L'organisme élimine en vingt-quatre heures 3.5 grammes de P_2O_5, dont 0.6 en combinaisons alcalines et 0.4 en combinaison alcalino-terreuse.

Dosage du phosphore dans l'urine.

Dosage du phosphore dans l'urine. — *Principe de la méthode.* — On sature le phosphore contenu dans l'urine, préalablement transformé en phosphate acide, par une solution titrée de nitrate ou d'acétate d'urane. Cette transformation se réalise par l'action d'une certaine quantité de solution acétique d'acétate de soude; la fin de la réaction se marque à l'aide d'un indicateur approprié.

Solutions nécessaires pour le dosage :

1° *Solution d'urane.* — On dissout dans l'eau une quantité déterminée de sel d'urane (nitrate ou acétate); ou bien on dissout dans l'acide acétique pur ou dans l'acide nitrique 20gr.3 d'oxyde d'urane bien desséché. On chasse l'excès d'acide au bain-marie, puis on ajoute la quantité d'eau nécessaire pour faire 1 litre.

La conservation de la solution est assez difficile; il se forme aisément dans la liqueur des phosphates basiques qui en modifient le titre.

Le titre de la solution doit être établi de telle façon que 1 c. c. de la solution corresponde à 5 milligrammes de P^2O^5, ou bien que 20 c. c. de la solution d'urane neutralisent exactement 50 c. c. de la solution de phosphates.

2° *Solution de phosphate.* — Cette solution doit renfermer exactement 0gr.1 de P^2O^5 pour 50 c. c., soit 10gr.0845 de phosphate bisodique $PO^4Na^2H + 12H^2O$ par litre.

On fait recristalliser le sel à plusieurs reprises, jusqu'au moment où il est privé de chlorures. On laisse dessécher complètement la masse cristalline sur un filtre recouvert de papier et on pèse dans une atmosphère bien sèche.

3° *Solution acétique d'acétate de soude.* — On dissout 100 gr. d'acétate de soude du commerce dans 800 grammes d'eau distillée; on acidifie à l'aide de 100 grammes d'acide acétique à 50 °/o, puis on dilue pour faire 1 litre.

On emploie ordinairement 5 c. c. de cette solution pour 50 c. c. d'urine.

4° Indicateur : a) *Teinture de cochenille.* — On fait un extrait alcoolique de cochenille en poudre (quelques grammes sur 200 grammes d'alcool).

Un excès d'oxyde d'urane détermine dans cette liqueur la formation d'un précipité vert.

b) *Solution à 10 °/₀ de ferrocyanure de potassium.* — Un excès d'oxyde d'urane forme avec le ferrocyanure de potassium un précipité marron.

Titrage de la solution d'urane. — On mesure exactement 50 c. c. de la solution de phosphate, on y ajoute 5 c. c. de la solution acétique d'acétate de soude, puis quelques gouttes de teinture de cochenille; on chauffe le mélange jusqu'à près de l'ébullition, on y laisse s'écouler la solution de nitrate d'urane jusqu'au moment où le mélange chaud prend d'une façon définitive une teinte verte bien nette qui persiste après agitation. Il est à remarquer que dès l'addition des premières gouttes de la solution d'urane, la liqueur prend cette teinte au point de contact des deux liquides; l'agitation la fait disparaître.

Il faut, pour la facilité des calculs, que 20 c. c. de la solution d'urane correspondent exactement à 50 c. c. de la solution de phosphates. Supposons qu'il faille 22.5 c. c. de la solution d'urane pour atteindre la fin de la réaction et le virage de l'indicateur; la liqueur d'urane est trop diluée et il importe de la concentrer par évaporation; supposons, par contre, que 18.7 c. c. suffisent pour atteindre la fin de la réaction, il faudra ajouter autant de fois 1.3 c. c. qu'il y a de fois 18.7 c. c. de solution en réserve.

Dosage du phosphore total dans l'urine. — On procède comme il est décrit ci-dessus. On opère sur 50 c. c. d'urine.

3. Soufre. — Acide sulfurique.

Soufre.

Le soufre existe dans l'urine sous différentes formes :

1° Combiné aux métaux sous forme de *sulfate;*

2° Combiné aux radicaux du groupe du phénol, formant avec ces corps les *acides sulfoconjugués;*

3° Combiné à des bases organiques autres que des acides (cystine, etc.) donnant le *soufre neutre;*

4° Sous la forme plus rare et moins importante d'*hyposulfites;*

5° Sous la forme très rare et nettement pathologique d'*acide sulfhydrique.*

La quantité totale de soufre éliminée en vingt-quatre heures par l'organisme oscille entre 1.5 et 3 grammes de SO^3. Cette quantité fournit un complément important du bilan de la nutrition organique; elle exprime, avec l'azote, l'activité des échanges et du métabolisme des substances azotées.

Dosage du soufre total dans l'urine.

1. Dosage du soufre total dans l'urine. — On dilue dans 75 ou 100 c. c. d'eau distillée 25 ou 50 c. c. d'urine filtrée; on ajoute 5 à 10 c. c. d'acide chlorhydrique et l'on chauffe jusqu'à près de l'ébullition; on ajoute alors un excès de solution de chlorure de baryum. On chauffe le mélange au bain-marie pendant une couple d'heures, puis on laisse reposer la liqueur pendant vingt-quatre heures. On filtre sur un filtre de papier suédois lavé la partie limpide de la liqueur. On reprend la masse du précipité par l'eau chaude. On répète cette opération jusqu'au moment où le filtratum limpide ne renferme plus de trace de chlorure de baryum (acide sulfurique, nitrate d'argent). On jette alors sur le même filtre la grande masse du précipité; on lave à l'alcool chaud, puis on dessèche à une température voisine de 100°.

On porte le filtre et le précipité dans un creuset en platine et l'on chauffe peu à peu, puis plus vivement jusqu'à calcination complète. On laisse refroidir sur l'acide sulfurique et l'on pèse.

Le résidu de cette calcination est du sulfate de baryte; on déduit facilement du poids de sulfate de baryte le poids du soufre : 100 parties de sulfate de baryte renferment 34.335 de SO^3.

Dosage du soufre des acides sulfoconjugués.

2. Dosage du soufre des acides sulfoconjugués. — Il faut débarrasser l'urine du soufre combiné aux métaux, c'est-à-dire des sulfates préformés. On y parvient par l'action d'un mélange barytique (deux parties d'une solution saturée à froid d'hydrate de baryte, une partie d'une solution saturée à froid de chlorure de baryum); les sulfates et les phosphates se précipitent; on filtre.

On ajoute à 25 ou 50 c. c. d'urine filtrée une égale quantité du mélange barytique, et l'on filtre. On prélève 50 ou 100 c. c. de ce mélange, ce qui correspond à 25 ou 50 c. c. d'urine; on acidifie par 5 ou 10 c. c. d'acide chlorhydrique; on chauffe fortement, puis on ajoute un excès de chlorure de baryum. Pour le reste, on opère comme pour le dosage du soufre total.

Dosage du soufre des sulfates.

3. Dosage du soufre des sulfates. — Ce dosage est inutile en pratique; la différence du soufre total et du soufre des acides sulfoconjugués représente le soufre des sulfates.

Recherche du soufre neutre.

4. Recherche du soufre neutre. — On élimine le soufre des sulfates et des acides sulfoconjugués par les opérations indiquées ci-dessus; puis on évapore le filtratum à siccité; on le fond à basse température avec deux parties de carbonate de soude chimiquement pur et une partie de nitrate de potassium. On dissout le résidu blanc cristallin dans l'eau, on filtre, on acidifie à l'aide de quelques gouttes d'acide chlorhydrique et l'on ajoute quelques gouttes de solution de chlorure de baryum. En présence de soufre, il se produit un précipité blanc de sulfate de baryte.

Recherche de l'hyposulfite.

5. **Recherche de l'hyposulfite.** — On traite l'urine par un excès d'eau de baryte, on réduit au bain-marie le volume du filtratum. On filtre pour séparer du carbonate de baryum qui s'est formé; on précipite alors par l'alcool; on filtre et l'on reprend le précipité par l'eau ; on porte cette liqueur à l'ébullition; on filtre et l'on évapore. L'évaporation abandonne de l'hyposulfite de baryum que l'on reconnaît aux réactions suivantes :

1° L'addition d'acide chlorhydrique à la solution d'un hyposulfite le décompose et met en liberté du soufre qui se précipite sous forme de soufre blanc;

2° Le chlorure ferrique colore les solutions d'hyposulfite en violet.

Recherche de l'acide sulfhydrique.

6. **Recherche de l'acide sulfhydrique.** — L'acide sulfhydrique n'existe dans l'urine que dans des cas pathologiques. On reconnaît sa présence à l'aide d'un papier à l'acétate de plomb.

On verse l'urine acidulée dans un ballon à large col que l'on bouche soigneusement; dans la partie inférieure du bouchon, on fait une incision dans laquelle on fixe un fragment de papier à filtrer imbibé de solution alcaline d'acétate de plomb, en ayant soin d'éviter le contact entre le papier plombique et le col du ballon, et l'on abandonne pendant quelques heures; l'acide sulfhydrique se dégage, et il se forme sur le papier au plomb une tache noire de sulfure de plomb.

Acétone $(CH^3)^2CO$.

L'acétone existe dans l'urine normale en quantité plus ou moins grande ; dans la fièvre, dans le jeûne, dans le refus de manger des mélancoliques ou des délirants, la quantité d'acétone urinaire augmente dans de fortes proportions. Acétone

Recherche de l'acétone dans l'urine. — On acidule environ 250 grammes d'urine à l'aide de 10 c. c. d'acide acétique pur et l'on distille. On se sert d'un réfrigérant assez long. On récolte les premières portions du liquide qui passent à la distillation et l'on y recherche la présence de l'acétone.

Caractères et réactions de l'acétone.

Caractères chimiques. — Liquide jaunâtre, à odeur prononcée spéciale, très volatil ; il bout à 56°,5 et se dissout en toutes proportions dans l'eau, dans l'alcool, dans l'éther.

Il se combine facilement aux sulfites alcalins, qui forment avec lui un composé cristallin.

Réactions de l'acétone. — 1. *Réaction de Lieben.* — En présence d'un alcali caustique, l'acétone forme, avec l'eau d'iode iodurée, un acétate alcalin et de l'iodoforme qui se précipite.

On verse 2 à 3 c. c. du liquide, qui a passé à la distillation, dans un tube à essai ; on alcalinise à l'aide d'une solution de soude caustique ; puis, à l'aide d'une pipette, on laisse s'écouler le long de la paroi du tube une quantité égale de bi-iodure de potassium, sans que les liqueurs se mélangent : un anneau blanc au point de contact indique la production d'iodoforme.

Lorsque le précipité d'iodoforme est peu abondant, on reconnaît sa présence à la forme étoilée de ses cristaux.

Il convient de remarquer que l'alcool détermine la même réaction; la réduction et la précipitation de l'iodoforme par l'alcool ne se font que lentement; la réduction et la précipitation par l'acétone sont instantanées.

2. *Réaction de Gunning.* — Cette réaction repose sur le même principe que la réaction de Lieben.

On verse 2 à 3 c. c. de liquide dans un tube à essai; on alcalinise franchement par l'ammoniaque et l'on ajoute, à la pipette, de la teinture d'iode.

La sensibilité de cette réaction est grande; elle a l'inconvénient de donner naissance à un précipité noir (combinaison iodo-azotée) qui voile la formation de l'iodoforme.

3. *Réaction de Legal.* — On ajoute à 4 ou 5 c. c. de liquide bien alcalinisé quelques gouttes d'une solution saturée fraîche de nitroprussiate de soude; en présence d'acétone, la liqueur se colore en rouge-rubis pour passer bientôt après au jaune. Si l'on acidifie à l'aide d'acide acétique, la couleur jaune fait place à une teinte pourpre qui vire peu à peu au bleu.

Nous avons vu que la créatinine présente une réaction analogue.

Groupe du phénol.

1. Phénols.

Phénols. On donne le nom de *phénols* à des corps dérivant du benzol C^6H^6, par remplacement d'un ou plusieurs atomes d'hydrogène par un ou plusieurs radicaux oxydryles (OH). Ces corps sont donc les alcools du benzol; ils se différencient toutefois des alcools vrais, en ce que l'hydrogène des radicaux OH est lui-même remplaçable par des éléments métalliques donnant ainsi naissance à des sels.

Ces corps se rencontrent dans l'urine normale; ce sont le phénol (C^6H^5OH), et surtout le paracrésol ($C^6H^4CH^3OH$). Ils ne sont pas libres, mais combinés à l'acide sulfurique, donnant ainsi les acides sulfoconjugués.

1. Phénol C^6H^5OH. — Le phénol cristallise en longues aiguilles incolores, fondant à 40°-41°; peu solubles dans l'eau, elles se dissolvent bien dans l'alcool et l'éther. Phénol.

Il se caractérise par les réactions suivantes :

1° Le phénol se colore en bleu-pourpre intense en présence de solutions neutres de perchlorure de fer;

2° *Réaction de Allen.* — L'addition de 1 ou 2 c. c. d'acide chlorhydrique, puis de 1 goutte d'acide nitrique à la solution de phénol, communique à la liqueur une teinte rouge-cerise, qui vire au brun sombre si l'on sature par de la soude caustique;

3° Si l'on ajoute de l'eau de brome à une solution de phénol, il se forme immédiatement un précipité de tribromophénol.

On ne peut déceler la présence du phénol dans l'urine non préparée; il faut d'abord décomposer les acides sulfoconjugués, puis distiller et appliquer les réactions susdites aux portions de liquide qui ont passé à la distillation.

2. Crésol $C^6H^4<{CH^3 \atop OH}$. — C'est le paracrésol que l'on rencontre le plus fréquemment dans l'urine. Crésol.

Il se présente sous l'aspect d'une masse cristalline blanchâtre, fondant à 35°-36°, peu soluble dans l'eau, se dissolvant bien dans l'alcool et dans l'éther. Il distille facilement.

Ses réactions sont les mêmes que celles du phénol, sauf que l'eau de brome ne forme que lentement un précipité de tribromocrésol bromé.

Dosage des phénols dans l'urine.

Dosage des phénols dans l'urine.

Principe de la méthode. — Le dosage des phénols porte sur tous les phénols volatils (phénol et paracrésol), et pas seulement sur le phénol vrai. La méthode est basée sur la formation de tribromophénol lorsqu'on a fait agir de l'eau de brome sur les solutions de phénols, suivant la formule

$$C_6H_5OH + 3Br_2 = C_6H_2Br_3\,OH + 3BrH.$$

Technique de la méthode. — On réduit à 200 c. c. environ 1 litre d'urine; puis on y ajoute une quantité d'acide sulfurique telle que la liqueur contienne 5 °/₀ d'acide, et l'on distille jusqu'au moment où l'eau de brome ne détermine plus, dans les gouttes qui passent à la distillation, la formation d'un précipité.

On filtre le distillatum s'il y a lieu, et l'on additionne d'eau de brome jusqu'à persistance d'une coloration jaune. On laisse sédimenter, à température ordinaire, pendant deux ou trois jours, puis on filtre sur un filtre taré; on lave le précipité à l'eau et on le dessèche sur l'acide sulfurique, jusqu'à constance de poids.

On considère ce précipité comme formé de tribromophénol; 100 parties de ce corps renferment 28.4 parties de phénol.

S'il s'agit de paracrésol, ce qui est le cas le plus général, il se forme une combinaison plus riche en brome ($C^6H^2Br^3OBr$) et plus pauvre en phénol. La conservation sous l'eau bromée suffit à transformer cette combinaison en tribromophénol.

2. Dioxybenzol.

Dioxybenzol.

1. Pyrocatéchine. — Orthodioxybenzol $C_6H_4(OH)^2$. — C'est sous forme de pyrocatéchine que s'éliminent le phénol et les phénates employés dans un but thérapeutique.

Pyrocatéchine.

La pyrocatéchine cristallise en prismes tétragonaux, solubles dans l'eau, dans l'alcool, dans l'éther et dans le benzol. Elle fond à 102°-104°.

Réactions :

1° Les solutions prennent une teinte foncée au contact de l'oxygène de l'air. Le virage s'observe d'une façon immédiate au contact des alcalis et des carbonates alcalins.

2° La pyrocatéchine réduit les sels métalliques, le nitrate d'argent et surtout le sulfate de cuivre alcalin (réactif de Trommer).

3° Le chlorure ferrique colore ses solutions en vert sombre, même en solution très diluée. Si on ajoute de l'acide tartrique et puis de l'ammoniaque, la solution prend une teinte violette ou rouge-cerise, d'après la quantité d'ammoniaque.

2. Hydroquinone. — Paradioxybenzol [$C^6H^4(OH)^2$]. — Elle se rencontre ordinairement à côté de la pyrocatéchine. Elle cristallise en prismes rhombiques, facilement solubles dans l'eau chaude, l'alcool, l'éther, insolubles dans le benzol froid. Elle fond à 169°. Les réactions qui caractérisent la pyrocatéchine appartiennent aussi à l'hydroquinone.

Hydroquinone.

Recherche du dioxybenzol. — Méthode de Schmiedeberg. — On distille l'urine, acidulée d'acide chlorhydrique, jusqu'à complète élimination des phénols volatils. On reprend le résidu successivement par l'éther sulfurique et par l'éther acétique; on évapore ces extraits réunis. On dissout le résidu de cette évaporation dans l'eau; on chauffe avec du carbonate de baryum; on filtre, et on extrait le filtratum par l'éther. L'évaporation de cette solution éthérée abandonne les dioxybenzols. On les sépare facilement l'un de l'autre, par le benzol froid qui dissout le pyrocatéchine et ne dissout pas l'hydroquinone.

Pigments urinaires.

Pigments urinaires. — Nous ne possédons sur les pigments urinaires normaux que des notions assez vagues; il paraît certain que la couleur de l'urine ne dépend pas d'un pigment unique; Vierordt a démontré, à l'aide de la spectrophotométrie, la multiplicité des pigments; mais on n'a guère réussi jusqu'à présent ni à les isoler ni à les caractériser. Il est fort probable que les substances humiques, dont Udranszki a démontré la présence dans l'urine du cheval, jouent un certain rôle dans la coloration de l'urine.

Les matières colorantes urinaires précipitent complètement par le sous-acétate de plomb et livrent un liquide tout à fait incolore; elles précipitent, mais incomplètement, par l'acétate de plomb, par les acides phosphotungstique et phosphomolybdique.

A côté des pigments préformés, l'urine renferme un certain nombre de matières chromogènes, qui donnent naissance à un pigment sous l'action de certains réactifs et aussi spontanément, dans certaines conditions peu déterminées.

Nous étudierons l'indican et l'urobiline.

1. Indican. — L'indican existe dans l'urine sous la forme de sulfate d'indoxyle, c'est-à-dire sous la forme d'un acide sulfoconjugué. Indican.

En présence des agents oxydants, l'indican dissous se colore en vert, puis en bleu (indigo); on réalise cette oxydation par différents agents; dans certaines conditions peu déterminées, le seul contact avec l'oxygène de l'air suffit à produire ce virage.

Réactions de l'indican. — 1° *Réaction de Jaffé.* — Le principe de la réaction, c'est l'oxydation de l'indican, en présence d'un acide fort, par l'hypochlorite de soude, et la dissolution de l'indigo bleu qui s'est formé dans un dissolvant approprié.

On verse 4 à 5 c. c. d'urine dans un tube à essai, on y ajoute une égale quantité d'acide chlorhydrique, puis quelques gouttes de chloroforme. On ajoute alors, goutte à goutte, une solution diluée d'hypochlorite de soude, en ayant soin d'agiter de temps en temps le mélange. Le chloroforme prend une belle coloration bleue.

Il n'est pas rare que la présence d'un léger excès d'hypochlorite décompose l'indigo bleu à mesure qu'il se produit et le transforme en isatine incolore; dans ce cas, la réaction donne un résultat négatif.

2° *Réaction d'Obermayer.* — On précipite le pigment urinaire par du sous-acétate de plomb; on filtre, puis on agite le filtratum avec une quantité égale d'acide chlorhydrique renfermant du perchlorure de fer (2 à 4 °/oo); on ajoute 1 c. c. environ de chloroforme et on agite de nouveau. Le chloroforme se colore en bleu intense.

Cette réaction n'a pas l'inconvénient de faire parfois méconnaître la présence de l'indican.

Urobiline.

2. Urobiline.

Extraction de l'urobiline. — On élimine d'abord de l'urine les sulfates et les phosphates par l'addition de nitrate de baryte; on filtre et l'on sature l'excès de sel barytique par un courant d'acide carbonique.

On traite l'urine ainsi préparée par l'acétate basique de plomb; on lave avec soin le précipité; on le dessèche, puis on le fait bouillir dans de l'alcool ordinaire. On fait ensuite digérer le précipité avec de l'alcool aiguisé d'acide sulfurique; on décante cette solution alcoolique, on la sature d'ammoniaque; on l'étend d'eau et l'on fait agir le chlorure de zinc. On récolte le précipité brunâtre, on le lave à l'eau froide, puis à l'eau chaude; ensuite on le traite par l'alcool bouillant; puis on le dessèche, on le pulvérise. On dissout le précipité pulvérulent dans l'ammoniaque; on filtre, et l'on traite la liqueur ammoniacale par l'acétate de plomb; on lave, à plusieurs reprises, le précipité à l'eau.

On le fait ensuite digérer dans de l'alcool aiguisé d'acide sulfurique; après décantation de l'alcool, on ajoute du chloroforme (un volume de chloroforme pour deux volumes d'alcool) et un excès d'eau, et l'on agite fortement. On sépare le chloroforme que l'on a lavé une couple de fois, on l'abandonne à l'évaporation.

Lorsque l'urine est riche en urobiline, on peut extraire ce pigment à l'aide d'un procédé plus simple et plus rapide.

On précipite le pigment par un excès de sous-acétate de plomb; on laisse sédimenter le précipité; lorsque le précipité s'est rassemblé au fond du vase, on décante l'urine décolorée. On reprend alors le précipité par de l'alcool aiguisé d'acide sulfurique, et l'on soumet à l'examen spectroscopique la solution ainsi obtenue.

Cette méthode ne fournit point l'urobiline à l'état de pureté ; elle suffit cependant pour la détermination spectroscopique du pigment.

Propriétés de l'urobiline. — C'est un corps amorphe, de couleur rougeâtre. Il se dissout à peine dans l'eau ; il se dissout bien dans l'alcool, dans l'éther, dans l'éther acétique, dans le chloroforme ; ces solutions sont neutres au papier de tournesol et possèdent à la lumière transmise une couleur d'un brun jaunâtre ; à la lumière réfléchie, une fluorescence verte.

L'addition d'acides donne aux solutions alcooliques une teinte plus rouge et fait disparaître la fluorescence. Les solutions alcalines ont une teinte jaune rosée ; l'ammoniaque la fait virer vers le vert et lui donne une fluorescence verte.

L'acétate basique et le sous-acétate de plomb, le chlorure de chaux, le chlorure de zinc et l'ammoniaque la précipitent presque complètement.

Caractères spectroscopiques. — Les solutions alcooliques acides présentent une raie d'absorption entre *b* et F ; lorsque la concentration des solutions est suffisante, la raie passe au delà de F.

En solution neutre ou alcalinisée, l'urobiline possède une raie bien délimitée au milieu de l'espace qui sépare *b* de F. Ce spectre est situé à peu près entre le vert et le bleu. (Voir planches n°s 7 et 8.)

CHAPITRE IX.

ÉLÉMENTS ANORMAUX DE L'URINE.

§ I. — Substances albuminoïdes.

On peut rencontrer dans l'urine, dans les états les plus divers, différentes espèces de substances albuminoïdes : de l'albumine, de la paraglobuline, de la nucléo-albumine, de la fibrine, de l'hémoglobine, des albumoses et des peptones. Substances albuminoïdes.

Pour procéder à la recherche ou à la détermination de ces substances, il faut opérer sur une urine claire et bien transparente. Il arrive fréquemment que la filtration soit insuffisante pour éclaircir des urines pathologiques et que cette opération ne livre qu'un liquide louche ; c'est surtout le cas pour les urines en voie de fermentation. Dans ces cas, il est utile d'agiter l'urine avec une poudre inerte, telle que le carbonate de baryte ou la magnésie calcinée, puis de la filtrer.

La présence des variétés de substances albuminoïdes dans l'urine se caractérise par l'une ou l'autre des réactions suivantes.

1. **Coagulation.** — On chauffe dans un petit ballon de l'urine faiblement acidifiée d'acide acétique dilué : la liqueur se trouble peu à peu, et à l'ébullition le trouble formé se précipite sous la forme de fins flocons.

Le précipité ne se redissout pas par addition de quelques

gouttes d'acide nitrique, lorsqu'il est albumineux ; s'il est formé de sels (phosphates alcalins terreux), il se redissout et la liqueur redevient limpide.

2. **Réaction du ferrocyanure de potassium et de l'acide acétique.** — On verse une partie d'urine dans un tube à essai, on l'acidifie par de l'acide acétique et l'on ajoute quelques gouttes d'une solution de ferrocyanure de potassium. L'albumine se précipite en fins flocons; il peut cependant se faire qu'un précipité non albumineux prenne naissance ; précipité dû, soit à la décomposition du ferrocyanure, soit à la formation de composés nouveaux de nature indéterminée.

Il faut donc s'assurer de la nature albumineuse du précipité. On sépare le précipité suspect et l'on essaie l'une ou l'autre des réactions colorantes de l'albumine (voir ci-dessous).

3. **Réaction de Heller.** — On ajoute prudemment, le long de la paroi d'un tube à essai incliné, de l'urine à l'acide nitrique, sans que les deux liquides se mélangent. S'il existe de l'albumine, il se forme au point de contact des deux liquides un anneau finement floconneux et grisâtre.

4. **Réaction d'Esbach.** — On ajoute à l'urine quelques centimètres cubes de liqueur d'Esbach; les albumines se précipitent sous la forme de fins flocons jaunes. Cette réaction ne doit s'appliquer qu'avec réserve, lorsqu'il s'agit d'urines en voie de fermentation ammoniacale; il peut se former, dans ce cas, un précipité cristallin de picrate d'ammoniaque.

Ces quelques réactions suffisent à la pratique journalière ; elles renseignent avec une précision suffisante sur la présence de l'albumine. Il est même possible, en combinant ces réactions, d'obtenir quelques données sur la nature de l'albumine dissoute dans l'urine. Prenons comme exemple, soit une urine ne précipitant pas par le ferrocyanure, ni par la coagulation, ni par la réaction de Heller, et donnant un précipité floconneux par la réaction d'Esbach : il est probable que cette urine contient des peptones; soit une urine ne se coagulant pas par la chaleur ni par la réaction de Heller, mais précipitant par la ferrocyanure de potassium, et par le réactif d'Esbach de fins flocons : l'urine renferme soit des albumoses et des peptones, soit seulement des albumoses.

Il est cependant des cas où ces réactions sont d'une netteté insuffisante pour permettre de formuler une conclusion ; dans ces cas, il faudra avoir recours à un plus grand nombre d'essais.

Propriétés générales des substances albuminoïdes.

Propriétés générales des substances albuminoïdes.

Nous indiquons ci-dessous les principales propriétés de l'albumine.

Toutes les substances albuminoïdes possèdent une série de réactions générales qui permettent de les caractériser.

1. **Polarisation.** — Toutes les solutions des substances albuminoïdes dévient vers la gauche la lumière polarisée.

2. **Coagulation.** — La plupart des substances albuminoïdes se coagulent par la chaleur; pour les unes, la coagulation se produit le mieux après acidification du milieu (albumine, nucléo-albumine); pour d'autres, la coagulation se produit en solution neutre (globuline, hémoglobine) ; d'autres, enfin, ne sont point influencées (peptones). La richesse des solutions albumineuses en sels exerce une importante action sur le point de coagulation des substances albumineuses, qu'elle élève. L'urée, le nitrate d'urée exercent la même action.

3. **Action des sels.** — La plupart des sels alcalins exercent une grande influence sur les solutions albumineuses :

Le sulfate d'ammoniaque en cristaux jusqu'à refus précipite toutes les variétés d'albumines (la peptone exceptée);

Le chlorure de sodium précipite incomplètement : la globuline, la nucléo-albumine, la protoalbumose ; l'hétéroalbumose se précipite intégralement; la peptone ne se précipite pas.

Le sulfate de magnésie en cristaux en excès précipite complètement la globuline (Hammarsten) et n'influence nullement l'albumine.

Certaines de ces réactions permettent de séparer et d'extraire les albumines de milieux complexes et acquièrent une valeur diagnostique considérable.

4. Toutes les substances albuminoïdes précipitent par l'une ou l'autre des réactions d'alcaloïdes.

a) La principale de ces réactions est la réaction du ferrocyanure de potassium en solution acétique : toutes les variétés de substances albuminoïdes précipitent, les peptones exceptées.

b) Les acides phosphotungstique, phosphomolybdique en solution sulfurique précipitent complètement toutes les variétés de substances albuminoïdes ; incomplètement les peptones.

c) Le tannin, de l'iodure double de mercure et de potassium, de l'acide picrique précipitent complètement toutes les variétés de substances albuminoïdes.

5. **Réactions colorantes :**

a) *Réaction du biuret.* — On ajoute à l'urine de la soude caustique en excès, puis, goutte à goutte, une solution diluée de sulfate de cuivre ; le liquide prend une couleur rose d'abord, qui passe au violet et se rapproche peu à peu du bleu. L'intensité de la réaction dépend de la richesse de la solution en albumine et de la quantité de sel cuivrique.

b) *Réaction xanthoprotéique.* — On chauffe une solution albumineuse avec de l'acide nitrique concentré; la solution prend une teinte jaunâtre, qui vire à l'orange ou au brun par addition d'ammoniaque ou d'un alcali caustique.

La réaction se produit également bien si le coagulum d'albumine se dissout dans l'acide ou s'il reste floconneux.

c) *Réaction de Millon* (1). — Le réactif de Millon produit dans les solutions des substances albuminoïdes un précipité blanc.

Le précipité ainsi que le liquide se colorent peu à peu en rouge; la chaleur produit instantanément ce virage.

d) *Réaction d'Adamkiewicz.* — Une solution albumineuse prend une coloration violette en présence d'un mélange d'acide acétique glacial et d'acide sulfurique concentré.

On chauffe à l'ébullition une petite quantité de solution ou de substance dans un mélange de 1 volume d'acide sulfurique concentré et de 2 volumes d'acide acétique.

e) *Réaction de Liebermann.* — On chauffe la solution albumineuse avec un mélange d'acide chlorhydrique concentré et $^1/_5$ d'acide sulfurique concentré; la solution prend une belle teinte violette.

f) *Réaction diazoïque.* — On ajoute à la solution albumineuse quelques gouttes d'une solution d'acide sulfanilique; elle se colore faiblement en jaune; mais si l'on alcalinise ce mélange, il prend une teinte jaune-orange ou brun-rouge.

---

(1) *Préparation du réactif de Millon.* — On chauffe 1 partie de mercure métallique avec 2 parties d'acide nitrique concentré et pur, jusqu'à dissolution complète. On dilue cette solution limpide dans la proportion de 1 à 2.

Détermination des variétés d'albumine.

On rencontre fréquemment dans l'urine des albumines, que l'on peut classer en quatre groupes :

a) La nucléo-albumine (mucine de certains auteurs);

b) Les albumines du sang (sérum-albumine, sérum-globuline);

c) Les albumoses ;

d) Les peptones.

Toutes ces substances peuvent se rencontrer soit isolément, soit simultanément.

Schéma de la marche systématique.

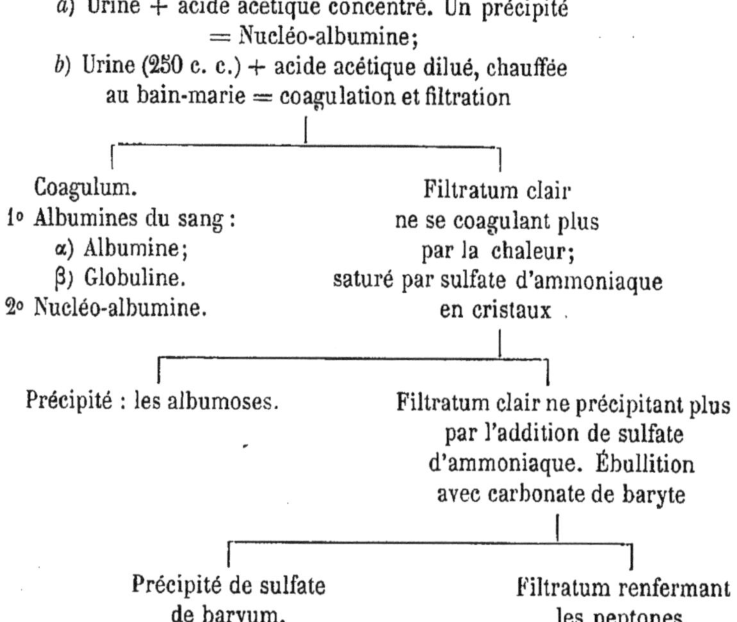

1. On recherche d'abord la *présence de nucléo-albumine,* en ajoutant à une petite portion d'urine, de l'acide acétique concentré. La nucléo-albumine se précipite. (Voir p. 194 et chapitre X.)

2. Pour la *recherche des albumines du sang*, on opère sur 250 c. c. d'urine filtrée, que l'on acidule faiblement à l'aide d'acide acétique dilué, et l'on porte à l'ébullition : on filtre pour séparer le coagulum d'albumine, et l'on s'assure, par un nouvel essai de coagulation, de l'absence d'albumine coagulable dans le filtratum.

S'il n'en est pas ainsi, c'est-à-dire si l'ébullition détermine encore la formation d'un précipité, on sépare ce nouveau coagulum en filtrant l'urine, sur le même filtre. En général, lorsque le degré d'acidité de l'urine est suffisant, toute l'albumine se précipite lors de la première ébullition, et le filtratum est limpide et débarrassé de toute albumine coagulable, et approprié à la recherche des albumoses et peptones.

3. *Recherche des albumoses.* — On sature l'urine limpide à l'aide de cristaux de sulfate d'ammoniaque; on chauffe légèrement pour faciliter la dissolution du sel. Si le liquide reste limpide, on peut admettre l'absence d'albumoses; si, au contraire, il se forme un précipité, on a affaire à l'une ou l'autre des variétés d'albumoses.

4. *Recherche des peptones.* — Après séparation du précipité d'albumoses, on chauffe le filtratum limpide à l'ébullition, en y ajoutant, peu à peu, du carbonate de baryum; on débarrasse par filtration la liqueur du sulfate de baryum formé, puis de l'excès de sel de baryum, en acidulant légèrement la solution d'acide sulfurique dilué. On filtre de nouveau; le filtratum renferme les peptones.

Caractères spéciaux des différentes variétés de substances albuminoïdes.

Nucléo-albumine.

1. *Nucléo-albumine.* — α) La nucléo-albumine coagule entre 74° et 76°, sous la forme d'un trouble grisâtre qui, par addition d'acide acétique, prend la forme de fins flocons.

β) L'acide acétique concentré la précipite à froid de ses solutions; le précipité se redissout dans un excès de réactif. Tous les acides, même l'acide carbonique, agissent de même. L'acide trichloracétique serait le meilleur agent de précipitation. (Voir chapitre X.)

Albumines du sang.

2. *Albumines du sang* (sérum-albumine, sérum-globuline). — Elles se rencontrent rarement isolément.

Elles coagulent, par la chaleur, en présence d'acide acétique dilué, vers 70°-75°, et le coagulum prend vers 100° un aspect nettement floconneux. Certains sels exercent une grande influence sur les solutions de ces albumines :

α) Le sulfate d'ammoniaque en cristaux à saturation précipite les deux substances sans en altérer les propriétés;

β) Le ferrocyanure de potassium en solution acétique les précipite.

Elles se précipitent sous la forme d'acide-albumine par l'action de l'acide nitrique (réaction de Heller); l'acide picrique associé à un autre acide organique les précipite (réaction d'Esbach); les acides phosphomolybdique et phosphotungstique en solution sulfurique les précipitent.

De nombreux sels de métaux lourds (sels ferriques, sels de plomb) les précipitent.

Séparation de l'albumine et de la globuline.

Séparation de l'albumine et de la globuline. — Ces deux substances présentent un grand nombre de réactions communes; l'action de certains sels n'est point la même pour les deux substances et permet de les isoler. (Sulfate de magnésie.)

L'urine sursaturée de cristaux de sulfate d'ammoniaque est jetée sur un filtre. On dissout dans l'eau le précipité et la masse des cristaux, sur le filtre; on soumet à la dialyse, et on sature la liqueur filtrée à l'aide de cristaux de sulfate de magnésie jusqu'à refus. La globuline seule se précipite; on sépare le précipité par filtration; l'albumine passe seule dans le filtratum; on redissout dans l'eau le précipité et la globuline, sur le filtre.

Caractères de la sérum-albumine. (Voir chapitre VI.)

Caractères de la globuline. (Voir chapitre VI.)

Albumoses.

3. *Albumoses.* — Les albumoses ne se coagulent pas par la chaleur et l'acide acétique : elles sont plus ou moins solubles (la solubilité augmente, à mesure qu'on se rapproche de la peptone).

Elles précipitent par le ferrocyanure de potassium en solution acétique.

Elles précipitent par le réactif d'Esbach.

L'acide nitrique trouble les solutions d'albumoses; ce précipité ne se forme qu'à froid; il disparaît par l'ébullition et reparaît par refroidissement.

Les solutions d'albumose, fortement acidifiées par l'acide acétique et additionnées de chlorure de sodium, précipitent à froid; ce précipité se redissout à chaud, et reparaît par le refroidissement.

Les cristaux de sulfate d'ammoniaque précipitent complètement les albumoses de leurs solutions.

Toutes les albumoses donnent la réaction du biuret.

Peptones.

4. *Peptones.* — Les peptones se dissolvent bien dans l'eau, ne se dissolvent pas dans l'alcool fort, ne se coagulent pas par la chaleur et l'acide acétique, et échappent à la plupart des agents chimiques.

Elles ne précipitent par aucun sel alcalin, ne sont pas influencées par le ferrocyanure de potassium et l'acide acétique.

Elles précipitent par certains sels de métaux lourds et par les acides phosphotungstique et phosphomolybdique, en présence d'acide sulfurique; elles précipitent aussi par le réactif d'Esbach; le précipité se dissout à chaud et reparaît par refroidissement.

Elles donnent la réaction du biuret.

Dosage de l'albumine dans l'urine.

Dosage de l'albumine par pesée.

1. **Méthode par pesée.** — L'urine, acidulée d'acide acétique en quantité suffisante, est portée à la température de coagulation de l'albumine. On filtre alors sur un filtre séché et taré pour séparer le liquide du coagulum; on lave à l'eau, à l'alcool et à l'éther; on sèche et l'on pèse. La différence de poids exprime la quantité d'albumine existant dans la portion d'urine employée.

Pour mettre ce principe en pratique, il est de la plus grande importance d'atteindre exactement le degré d'acidité voulu pour favoriser la coagulation des albumines. Dans ce but, il est utile de procéder à quelques essais préliminaires.

On prélève une quantité connue d'urine, on l'acidifie à l'aide d'une quantité connue d'acide acétique, et on chauffe d'abord au bain-marie, puis, lorsque la coagulation est terminée, à feu nu jusqu'à ébullition franche, et l'on filtre.

On s'assure que l'ébullition, après l'addition de quelques

gouttes d'acide acétique, ne détermine plus l'apparition de trouble dans le filtratum en question. S'il n'en est pas ainsi, ou bien si le filtratum paraît trouble, on peut *a priori* admettre que l'acidulation était insuffisante et que toute l'albumine n'est pas encore coagulée, et l'on recommencera l'opération. Si aucun trouble nouveau n'apparaît, on peut admettre que toutes les albumines coagulables sont précipitées et que l'on a atteint le degré d'acidité exact. On procède alors au dosage réel.

Ce dernier porte sur une quantité qui varie avec la richesse en albumine que l'on attribue au liquide soumis à l'analyse; il est bon que le précipité d'albumine ne dépasse pas 0gr.2 à 0gr.3 d'albumine.

On verse, dans un verre de Bohême, la quantité d'urine que l'on juge appropriée, et l'on porte au bain-marie; puis on chauffe à feu nu. On jette alors rapidement le coagulum sur un filtre taré, en détachant, à l'aide d'une baguette de verre coiffée de caoutchouc, les particules collées aux parois du vase. Cette opération doit être menée avec célérité, l'albumine coagulée prenant rapidement un aspect corné et s'incrustant pour ainsi dire sur les parois du verre.

On lave à l'eau chaude, jusqu'à complète disparition des chlorures, puis à l'alcool et à l'éther, et l'on sèche à 120° pendant vingt-quatre heures; l'on chauffe jusqu'à constance de poids.

Pour obtenir un résultat tout à fait exact, on calcine le filtre et le coagulum, on pèse les cendres et l'on soustrait leur poids du poids primitivement obtenu.

2. Méthode volumétrique d'Esbach. — Esbach apprécie la quantité d'albumine contenue dans un liquide, d'après le volume du précipité qu'y détermine l'acide picrique. Dosage volumétrique de l'albumine.

La liqueur d'Esbach se compose de 10 grammes d'acide picrique et 20 grammes d'acide citrique par litre. On forme le précipité dans un tube spécial, l'*albuminomètre d'Esbach.*

L'albuminomètre d'Esbach est un tube semblable à un tube à essai, long de 15 centimètres, large de 15 millimètres ; il porte une graduation arbitraire. A environ 6 centimètres du fond, il porte un trait marqué de la lettre U, et à environ 4 centimètres plus haut, un autre trait marqué de la lettre R ; enfin, vers le fond, une série de traits d'inégale largeur, marqués de 1 à 7. On remplit d'urine l'appareil, jusqu'au moment où la tangente du ménisque de l'urine affleure le trait marqué U ; puis, en prenant les mêmes précautions, de réactif, jusqu'à la lettre R. On bouche au moyen de la pulpe du doigt et l'on retourne une dizaine de fois, afin de bien effectuer le mélange des deux liqueurs. Un précipité se forme ; on place le tube bouché, bien verticalement, dans un support *ad hoc;* le précipité gagne le fond du vase, se tasse, et après vingt-quatre heures on lit sur l'échelle la quantité d'albumine en grammes, par litre.

Les conditions de température jouent un rôle important dans l'emploi de ce procédé. Ne sont comparables entre eux que des résultats obtenus à la même température.

L'urine doit posséder une réaction acide bien nette ; sa densité doit osciller entre 1006 et 1008. Si elle est plus dense, il faudra la diluer. Enfin, cette méthode n'a sa meilleure valeur que lorsque l'urine ne renferme pas plus de 4 grammes d'albumine au litre.

Dosage de l'albumine par la méthode de Kjeldahl.

5. Dosage de l'albumine par la méthode de Kjeldahl. — Cette méthode ne s'applique qu'aux urines albumineuses ne renfermant ni albumoses ni peptones.

On mesure 5 c. c. d'urine albumineuse; on y ajoute 10 c. c. d'acide sulfurique Kjeldahl et l'on détermine la valeur d'azote de cet échantillon.

Dans un second essai, on détermine la valeur en azote de l'urine, débarrassée de son albumine par coagulation.

La différence des deux résultats exprime la teneur en azote de l'albumine dissoute; en multipliant cette valeur par le facteur 6.25, on obtient en grammes la quantité d'albumine.

Exemple : Premier essai (urine albumineuse) :
5 c. c. d'urine renferment 0.0322 d'azote = 0.644 °/₀.
Second essai (urine débarrassée d'albumine) :
5 c. c. d'urine renferment 0.0294 d'azote = 0.588 °/₀.

La différence de ces deux analyses, 0.056 °/₀ d'azote, représente l'azote de l'albumine.

La quantité d'albumine s'obtient en multipliant 0.056 par 6.25 : soit 0.35 °/₀ d'albumine.

§ 2. — Les sucres.

Les sucres sont des corps à fonctions aldéhydiques ou cétosiques et alkyliques; ils sont tous doués d'un pouvoir réducteur plus ou moins prononcé; ils se combinent facilement à certains éléments chimiques pour donner naissance à des corps définis (combinaison : de la phénylhydrazine et des sucres — de benzoïle et de sucre); ils exercent une action plus ou moins manifeste sur la lumière polarisée, qu'ils dévient les uns vers la droite, les autres vers la gauche; enfin, certains d'entre eux fermentent en présence de levure de bière.

C'est parmi ces principales propriétés que l'on trouve les réactions qui permettent de caractériser les sucres.

On rencontre le plus fréquemment la dextrose soit isolée, soit mélangée à la lévulose; les cas de lactosurie et de maltosurie, bien que signalés déjà, sont beaucoup plus rares.

Réactions générales des sucres.

1. Réaction des sucres.

1° *Réaction de Moore.* — On chauffe une petite quantité d'urine sucrée avec de la soude ou de la potasse caustiques; la liqueur prend une teinte jaune, qui fonce de plus en plus jusqu'au brun sombre. L'intensité de la teinte est sous la dépendance de la richesse en sucre.

La mucine soumise à la même réaction produit aussi le virage de la solution vers le brun.

2° *Réaction de Trommer.* — Les sucres réduisent à chaud les solutions alcalinisées de sulfate de cuivre, sous forme d'oxyde cuivreux qui se précipite.

On alcalinise, à l'aide de soude caustique, 2 à 3 c. c. d'urine sucrée, et l'on y ajoute quelques gouttes d'une solution étendue de sulfate de cuivre; on agite et l'on chauffe le mélange bleu céleste. On constate, en présence de sucre, la formation d'un précipité jaune orangé qui gagne le fond du vase et laisse surnager un liquide décoloré.

De nombreuses substances (créatinine, acide urique, alcaptone, pyrocatéchine, etc.) réduisent aussi les solutions alcalines de sulfate de cuivre.

La réduction due au sucre s'opère déjà nettement à une température inférieure à l'ébullition (60° à 70°). La réduction due aux autres substances ne s'obtient que par ébullition (Worm-Müller).

3° *Réaction de Fehling*. — On chauffe prudemment, à une température inférieure à celle de l'ébullition, parties égales d'urine et de liqueur de Fehling. La réduction du sel de cuivre à l'état d'oxyde cuivreux s'opère dans le voisinage de 70° (Worm-Müller).

Certaines substances autres que le sucre produisent aussi cette réduction. (Voir ci-dessus.)

4° *Réaction de Barfoed*. — La solution sucrée réduit, dans les mêmes conditions, l'acétate de cuivre en solution acide à l'état d'oxyde cuivreux (0.5 à 4 °/₀ d'acétate de cuivre + 1 °/₀ d'acide acétique).

On porte à l'ébullition parties égales de liqueur de Barfoed et d'urine sucrée.

La dextrose, la lévulose réduisent la liqueur de Barfoed ; la lactose, la maltose ne la réduisent pas.

5° *Réaction de Böttger*. — On ajoute une très faible quantité de sous-nitrate de bismuth à un mélange de parties égales d'urine sucrée et d'une solution de carbonate de soude (30 °/₀) et l'on porte à l'ébullition. En présence de sucre, le sous-nitrate de bismuth se réduit à l'état de bismuth métallique noir.

6° *Réaction de Knapp*. — On fait bouillir parties égales d'urine sucrée et de solution de Knapp. Les sucres réduisent le sel de mercure à l'état de mercure métallique.

La solution de Knapp se compose de 10 grammes de cyanure de mercure et de 100 grammes de soude caustique d'une densité 1,145 (soit 13gr.3 de NaOH) par litre.

2. **Combinaisons des sucres.** — Les sucres forment facilement des composés définis et caractéristiques.

Sucrates alcalins.

a) *Sucrates alcalins.* — Les solutions de sucre dans l'alcool concentré précipitent à l'état de sucrate alcalin ($C_6H_{11}KO_6$) par addition de solution alcoolique d'alcali caustique. Ce précipité blanc, lors de sa formation, gagne rapidement le fond du vase et se colore peu à peu en jaune.

Il est insoluble dans l'alcool fort, un peu soluble dans l'alcool dilué, très soluble dans l'eau. Il réduit la liqueur de Fehling avec la même intensité que le sucre qui lui a donné naissance.

b) *Combinaison avec la phénylhydrazine.* — Les sucres se combinent facilement avec la phénylhydrazine en solution acétique; ils forment, à froid, une combinaison spéciale, facilement décomposable en ses éléments constitutifs et ne renfermant, pour une molécule de sucre, qu'une molécule de phénylhydrazine; à chaud, un corps nettement défini, l'osazone, renfermant, pour une molécule de sucre, deux molécules de phénylhydrazine :

α) $C_6H_{12}O_6 + C_6H_5N_2H_3 = C_6H_{12}O_5 . N_2HC_6H_5 + H_2O$;

β) $C_6H_{12}O_5 . N_2HC_6H_5 + C_6H_5N_2H_3 = C_6H_{10}O_4(N_2H . C_6H_5)_2 + H^2 + H^2O$.

On chauffe, au bain-marie, 50 c. c. d'urine sucrée, additionnée de 0gr.5 à 2 grammes de chlorhydrate de phénylhydrazine et de 1 à 4 grammes d'acétate de soude. On prolonge la chauffe pendant 1 $^1/_2$ heure et on laisse refroidir.

Au lieu du chlorhydrate de phénylhydrazine, on peut employer la base même; dans ce cas, on remplacera l'acétate de soude par de l'acide acétique à 50 %.

On obtient des cristaux caractéristiques, jaune vif, prismatiques, agglomérés en houppes; insolubles dans l'eau froide, dans l'alcool, ils se dissolvent à peine dans l'eau bouillante (glucose), mais bien dans l'alcool bouillant. Ils fondent à des températures qui varient selon la nature du sucre combiné. Par contre, la combinaison de maltose se dissout facilement dans l'eau bouillante.

La glucosazone fond à 204°-205°; la maltosazone, à 206°.

3. **La polarisation.** — Tous les sucres font dévier le plan de la lumière polarisée; chacun d'eux possède, à cet égard, un pouvoir spécial, dont les caractères différentiels portent sur le sens et sur le degré de la déviation.

C'est ainsi que la dextrose dévie le plan de la lumière vers la droite d'une quantité = + 52°.5; la maltose = + 150°; la lévulose le dévie vers la gauche d'une quantité = — 90°.18.

Nous avons indiqué, dans le chapitre premier de cet ouvrage, le principe de la polarisation, ainsi que l'importance de la décoloration des urines.

On traite 50 c. c. d'urine sucrée par 10 c. c. d'une solution de sous-acétate de plomb (25 °/₀) et l'on filtre; les premières gouttes du filtratum sont en général troubles; dans ce cas, on jette de nouveau sur le même filtre.

4. **Fermentation.** — Un certain nombre de sucres fermentent en présence de levure de bière; ils se décomposent en alcool et acide carbonique :

$$C_6H_{12}O_6 = 2\,C_2H_5OH + 2\,CO^2.$$

Pratiquement, on réalise l'expérience à l'aide du dispositif suivant, qui permet de récolter l'acide carbonique dégagé pendant la réaction.

Deux ballons, A et B, sont munis chacun d'un bouchon percé de deux orifices. Le bouchon du ballon A laisse passer, par un de ses orifices, un tube de verre plongeant jusqu'au fond du vase et s'ouvrant, d'autre part, à l'air libre; l'autre orifice du bouchon donne passage à un tube de verre coudé, lequel, partant de la partie supérieure du col du ballon A, puis se courbant deux fois à angle droit, rencontre l'un des orifices du ballon B, y pénètre et plonge jusqu'au fond du vase; le deuxième orifice du bouchon de B donne passage à un court tube de verre, partant de la partie supérieure du col et s'ouvrant d'autre part à l'air libre.

On verse l'urine dans le ballon A, après ébullition et refroidissement, on y ajoute de la levure de bière, on agite le mélange; dans le ballon B, on verse de la solution claire d'hydrate de baryte; on bouche vivement l'appareil et on le porte à l'étuve chauffée à 40°.

Dès les premières minutes, il se produit un vif dégagement de gaz; l'hydrate de baryte retient et fixe l'acide carbonique qui se dégage.

La glucose, la lévulose, la maltose fermentent; la lactose ne fermente pas.

On peut rencontrer, dans l'urine, de la glucose, de la lévulose, de la lactose, de la maltose. La présence de cette dernière substance est exceptionnelle; on trouve, par contre, fréquemment la glucose, plus rarement la lévulose.

Il est assez difficile de différencier ces substances. Nous indiquons dans le tableau ci-dessous les principaux caractères distinctifs.

TABLEAU DES CARACTÈRES DIFFÉRENTIELS DES SUCRES.

RÉACTION.	GLUCOSE.	LÉVULOSE.	LACTOSE.	MALTOSE.
Réduction des liqueurs cupro-alcalines.	Positive. *Réduit la liqueur de Barfoed.*	Positive. *Réduit la liqueur de Barfoed.*	Positive. *Ne réduit pas la liqueur de Barfoed.*	Positive. *Ne réduit pas la liqueur de Barfoed.*
Combinaison avec la phénylhydr. (point de fusion).	204°-206° Insoluble dans l'eau bouillante.	204°-206° Insoluble dans l'eau bouillante.	193°-200° Soluble dans l'eau bouillante.	206° Soluble dans l'eau bouillante.
Polarisation.	+ 52°,5	— 90°,18	+ 55°	+ 150°
Fermentation en présence de levure de bière.	Fermente.	Fermente.	Ne fermente pas.	Fermente lentement.

Dosage du sucre.

On dose le sucre, soit à l'aide de solutions titrées, soit à l'aide de la fermentation, soit par polarisation.

Dosage du sucre par la liqueur de Fehling.

1. Titrage du sucre par la liqueur de Fehling.

Principe de la méthode. — Le principe de la méthode consiste à déterminer exactement la quantité d'urine nécessaire et suffisante pour transformer à l'ébullition un volume déterminé de liqueur de Fehling à l'état d'oxydule de cuivre.

Solutions nécessaires :

La conservation de la liqueur de Fehling est difficile; il convient de conserver séparément la solution de sulfate de cuivre et la solution alcaline et de les mélanger au moment de l'emploi.

1° *Solution de sulfate de cuivre.* — On pèse exactement 34gr.64 de sulfate de cuivre fraîchement cristallisé et bien sec; on dissout dans un peu d'eau et l'on dilue pour faire 500 c. c.

2° *Solution alcaline.* — On pèse environ 173 grammes de sel de seignette; on mesure 100 c. c. de solution de soude caustique d'un poids spécifique de 1.34. On étend d'eau distillée pour faire 1/2 litre.

On mélange au moment de faire le dosage des volumes égaux des deux solutions : 5 c. c. de l'une et 5 c. c. de l'autre donnent 10 c. c. de liqueur de Fehling qui réduit 0.05 de glucose.

La méthode atteint, d'après Soxhlet, son maximum d'exactitude quand la richesse en sucre oscille entre 0.5 et 1 %; il convient, par conséquent, de diluer l'urine dans la plupart des cas. La densité de l'urine peut servir de guide pour déterminer la quantité dont il faut diluer l'urine; une urine pesant

1030, doit être diluée dans cinq fois son volume d'eau ; l'urine qui marque 1040 ou plus au densimètre, doit être diluée dans dix fois son volume d'eau distillée. On porte cette solution dans la burette.

On mesure 10 c. c. de liqueur de Fehling, que l'on verse dans un petit flacon conique ; on ajoute environ 50 c. c. d'eau distillée et quelques centimètres cubes d'une solution concentrée de soude caustique ; on porte à l'ébullition, puis on laisse s'écouler, dans le ballon, la quantité d'urine sucrée que l'on croit nécessaire pour transformer la liqueur en oxydule de cuivre ; on fait bouillir pendant une minute, puis on éloigne le matras de la source de chaleur.

Si la réduction n'est pas complète, on ajoute une nouvelle quantité d'urine, et l'on fait bouillir de nouveau : ainsi de suite, jusqu'au moment où l'on constate la fin de la réduction. On lit le nombre de centimètres cubes employés, en tenant compte des fractions de centimètres cubes, et l'on recommence l'opération sur une nouvelle quantité de liqueur, en laissant s'écouler en un seul jet la quantité d'urine sucrée que la première expérience a donnée. On note soigneusement le nombre de centimètres cubes, et l'on recommence, en ajoutant cette fois une quantité d'urine moindre de $^1/_{10}$ de centimètre cube ; on arrive ainsi, par tâtonnements, à déterminer deux points ne différant que de $^1/_{10}$ ou $^2/_{10}$ de centimètre cube, dont l'un ne réduit pas intégralement et l'autre dépasse la quantité de liqueur de Fehling employée.

La détermination du point final de la réduction est délicate : on a recommandé, à tort, de filtrer une petite portion du mélange et de déterminer, sur deux échantillons de cette filtration, l'influence qu'exercent respectivement l'addition d'une goutte de liqueur de Fehling et d'une goutte de solution sucrée.

Cette méthode présente l'inconvénient d'exiger assez de temps; en outre, le liquide, incolore au moment de la filtration, reprend facilement sa couleur au contact de l'air.

L'examen, sur fond blanc bien éclairé, de la zone claire qui se forme lors du dépôt du précipité d'oxyde de cuivre, permet d'apprécier avec une suffisante précision le degré de la réduction ; si celle-ci n'est pas complète, la teinte bleue de la liqueur de Fehling tranchera nettement sur le fond blanc; si la réduction est terminée, cette zone apparaîtra limpide et incolore.

Le calcul de l'analyse est des plus simples : 1 c. c. de liqueur de Fehling est réduit à l'état d'oxydule par 5 milligrammes de glucose; 10 c. c. réduisent 50 milligrammes de glucose.

La présence d'albumine n'est point rare dans l'urine des diabétiques : l'albumine n'influence pas directement le dosage volumétrique; mais sa présence entrave la sédimentation de l'oxyde de cuivre et rend plus difficile l'appréciation du point final ; il vaut donc mieux débarrasser d'abord l'urine de l'albumine qu'elle renferme.

2. Méthode de la polarisation. — Nous avons indiqué ailleurs le principe de la méthode; on conçoit facilement que la connaissance de l'angle de déviation de la glucose, observée sous une épaisseur de 1 décimètre, permette de déterminer, dans les mêmes conditions, la richesse d'un liquide en glucose, d'après la grandeur de la déviation observée.

La limpidité, ainsi que la couleur des liquides, exerce une grande influence sur la valeur du dosage; les couleurs rouge-brun, jaune rougeâtre absorbent une grande quantité de lumière et rendent le dosage impossible; il faut, dans ces cas, débarrasser l'urine des pigments qu'elle renferme au moyen d'une solution de sous-acétate de plomb $(C^2H^2O^3)^2$ PbO (Gorup-Bezanez). L'emploi de ce sel n'entraîne aucune perte en sucre. 10 c. c. d'une solution de ce sel à 25 % suffisent à précipiter de 50 à 70 c. c. d'urine.

Décoloration de l'urine. — On mesure dans un cylindre de verre gradué un volume d'urine de 50 c. c., on y ajoute, en un mince jet, 10 c. c. de solution plombique; on mélange activement et l'on jette sur un filtre sec : si les premières portions du filtratum sont encore troubles, on les reprend et les rejette sur le filtre.

Calcul de la quantité de sucre. — On établit d'abord le zéro de l'instrument et on lit sur la graduation le chiffre qui correspond à cette position; on interpose dans l'appareil le tube de 100 millimètres renfermant l'urine décolorée, et l'on corrige la position de l'analyseur, de manière à éteindre les raies d'interférences. Lorsque cette extinction est obtenue, on lit sur la graduation le chiffre correspondant à cette position. La différence de la première et de la seconde lecture est l'angle de déviation (α).

Pour calculer la quantité de sucre, on se sert de la formule suivante :

$$x = 1984 \frac{\alpha}{100}.$$

Un certain nombre de substances lévogyres exercent une grande influence sur le dosage du sucre par le polarimètre : il faut signaler l'albumine, l'acide β-oxybutyrique, l'acide glycuronique et les sucres : fructose, laiose.

On s'assure facilement de la présence ou de l'absence d'albumine, par l'épreuve de l'ébullition, ou par la réaction du ferrocyanure de potassium. Si ces essais sont positifs, on mesure un volume déterminé d'urine, on l'acidifie à l'aide de quelques gouttes d'acide acétique dilué et l'on porte à l'ébullition; on sépare le coagulum d'albumine par filtration, on laisse refroidir le filtratum, et l'on y ajoute autant d'eau distillée qu'il est nécessaire pour obtenir rigoureusement le volume primitif.

L'acide β-oxybutyrique et l'acide glycuronique se manifestent par la persistance de la déviation vers la gauche, avant et après la fermentation par la levure de bière.

Les sucres lévogyres ne se manifestent que par la différence des résultats que donnent les deux méthodes de dosage : le dosage volumétrique et le dosage optique. En dehors de ce défaut de concordance, il n'y a guère de moyen de s'assurer de la nature du sucre. Il faut donc recourir simultanément aux deux méthodes de dosage.

Dosage du sucre par fermentation.

3. Dosage par fermentation. — *Principe de la méthode.* — Certains sucres fermentent en présence de levure de bière, dégagent de l'acide carbonique et forment de l'alcool

$$C^6H^{12}O^6 = 2C^2H^5OH + 2CO^2.$$

Lorsque les proportions de glucose et de levure sont bien exactes, la décomposition de la glucose se fait intégralement.

On peut mettre à profit cette propriété pour déterminer

la quantité de glucose : 100 grammes de glucose fournissent 50.111 grammes d'alcool, 48.888 d'acide carbonique.

Le dosage peut se faire, soit en recueillant sous forme de gaz l'acide carbonique dégagé, soit en le recueillant dans une solution titrée d'hydrate de baryte. Un dosage alcalimétrique renseigne la richesse en sucre.

On peut aussi déterminer la teneur de la solution en sucre, en récoltant, au moyen de l'appareil de Fiebig, l'alcool qui a pris naissance.

Le saccharomètre de Fiebig se compose d'un tube en U, dont l'une des branches est longue, graduée et ouverte; l'autre, courte, a la forme d'une ampoule et se ferme par un bouchon à l'émeri. Le bouchon ainsi que le col portent une petite ouverture, que l'on peut amener à coïncidence par un mouvement de rotation.

On dilue 10 c. c. d'urine sucrée dans 90 c. c. d'eau distillée; on prélève 10 c. c. de ce mélange, auquel on ajoute un peu de levure fraîche (dimension d'un grain de café) et l'on agite.

On verse alors ce mélange bien homogène dans la partie dilatée du saccharomètre; on bouche bien et, par un mouvement de torsion, on place l'orifice du bouchon en regard de l'orifice du col du ballon, et l'on imprime à tout l'appareil une série de mouvements de va-et-vient jusqu'au moment où le niveau atteint le zéro de la graduation; à ce moment, on fait tourner le bouchon. On porte alors tout l'appareil dans l'étuve à 40° et on l'y abandonne pendant vingt-quatre heures. L'alcool formé s'accumule dans la branche étroite de l'appareil. On lit sur la graduation la teneur de sucre en grammes.

§ 3. — Graisses.

Lipurie, chylurie.

On rencontre parfois de la graisse dans l'urine : on distingue des cas dans lesquels la graisse surnage en gouttelettes à la surface du liquide (lipurie); et des cas dans lesquels la graisse est finement émulsionnée et également répartie dans toute la masse urinaire. Dans ce dernier cas, l'urine prend un aspect lactescent, dont l'intensité dépend de la quantité de graisse suspendue (chylurie).

Dans les cas de chylurie, il est rare que la graisse soit le seul élément étranger contenu dans l'urine; on y trouve en général : de la fibrine, de la sérum-albumine, de la paraglobuline et même du sang en nature.

L'examen microscopique de l'urine permet d'établir facilement le diagnostic.

Nous ne reviendrons pas sur la marche à suivre pour déterminer la nature et la quantité des substances albuminoïdes dissoutes et des graisses. (Voir chapitre IX, pages 193 et suivantes, et chapitre VII.)

§ 4. — Recherche du pus.

Pus.

La pyurie s'accompagne ordinairement de fermentation urinaire. L'examen microscopique renseigne le mieux sur l'existence de pus dans l'urine. On peut aussi en déterminer la présence par l'addition d'un excès d'alcali caustique. L'urine purulente s'épaissit et prend une consistance sirupeuse plus ou moins prononcée.

§ 5. — Recherche des matières colorantes dans l'urine.

On peut rencontrer dans l'urine, d'une façon accidentelle, les pigments suivants : oxyhémoglobine, hémoglobine réduite ; leurs dérivés : hématine, hématoporphyrine ; les pigments biliaires : bilirubine et tous les dérivés, et certains acides aromatiques (alcaptone, etc.).

Recherche de l'hémoglobine.

1. Hémoglobine. — Nous avons décrit dans un autre chapitre les propriétés de ce corps. (Voir page 89.)

Examen spectroscopique. — On verse une portion d'urine dans un récipient approprié, et on l'examine au spectroscope, soit à la lumière du jour, soit à la lumière d'une bonne lampe à gaz ou à pétrole.

L'oxyhémoglobine se caractérise par le spectre suivant : dans le voisinage de D et E se présentent deux raies caractéristiques, l'une, près de D, étroite et bien limitée, l'autre plus large et plus diffuse. Si le champ de visée est trop sombre, il convient de diluer le liquide.

La présence de ce spectre n'est cependant pas caractéristique ; elle ne peut le devenir que si, par l'action d'un réducteur puissant (sulfhydrate d'ammoniaque), on réduit l'oxyhémoglobine à l'état d'hémoglobine réduite, et que concurremment les deux raies d'absorption de l'oxyhémoglobine font place à la raie de l'hémoglobine réduite. Cette raie est large, diffuse, intermédiaire aux deux précédentes. Dans le doute, on peut aussi transformer l'hémoglobine en hématine dont le spectre est plus manifeste.

Dans ce but, on ajoute quelques gouttes de soude caustique à la solution renfermant l'hémoglobine réduite.

Le spectre de l'hématine est de beaucoup le plus manifeste; il présente, comme principal caractère, l'existence d'une bande sombre située entre les deux raies de l'oxyhémoglobine. Cette raie disparaît sous l'influence de la chaleur; elle reparaît par le refroidissement.

Moyens chimiques. — 1° L'ébullition en présence d'acide acétique détermine la formation d'un précipité qui entraîne l'hématine, et qui se colore en rouge.

2° *Réaction de Heller.* — On alcalinise fortement l'urine par la soude caustique, et l'on porte à l'ébullition; l'hémoglobine se transforme en hématine, et celle-ci est mécaniquement entraînée dans la précipitation des phosphates alcalino-terreux, qu'elle colóre en brun rougeâtre.

3° *Réaction de l'hémine.* — On alcalinise l'urine à l'aide d'ammoniaque ou de soude caustique; puis on y ajoute une solution de tannin et de l'acide acétique, jusqu'à réaction bien nettement acide. La présence du pigment sanguin se reconnaît à la formation d'un précipité de couleur sombre.

On filtre, on récolte et l'on sèche le précipité; on le broie dans un mortier avec une trace de chlorure de sodium; on transporte dans un verre de montre, on ajoute de l'acide acétique glacial et l'on chauffe à l'ébullition; on filtre dans un verre de montre et on laisse doucement évaporer à siccité, puis on examine le sédiment au microscope. Le chlorhydrate d'hématine (hémine) se présente sous l'aspect caractéristique de tables rhombiques allongées. (Voir p. 96.)

4° *Réaction de la teinture de gayac et de la térébenthine.* — On mélange, dans un tube à essai, parties égales d'urine suspecte, de teinture de gayac et d'essence de térébenthine; on agite fortement pour émulsionner la masse; la présence de sang se révèle par une coloration bleue plus ou moins intense; une douce chaleur favorise la réaction.

Il faut noter que cette dernière réaction ne suffit pas à elle seule à caractériser le pigment sanguin; le pus, le lait possèdent la même propriété.

Recherche de l'hémato-porphyrine.

2. **Hématoporphyrine.** — On traite l'urine (30 à 50 c. c.) par une solution alcaline de chlorure de baryum; on lave le précipité à l'eau, puis à l'alcool absolu et on laisse égoutter soigneusement. On tranpsorte le précipité dans un petit mortier, on y ajoute 8 à 10 gouttes d'acide chlorhydrique, et, s'il est nécessaire, quelques gouttes d'alcool absolu; on mélange bien, de telle sorte que le mélange soit humide et un peu fluide; on abandonne pendant quelque temps, puis on jette sur un filtre sec. L'extrait alcoolique est coloré en rouge et montre les deux raies caractéristiques de l'hématophorphyrine en solution acide; si l'on alcalinise à l'aide d'ammoniaque, la solution vire au jaune, et le spectre se modifie et montre les quatre raies caractéristiques.

Recherche du pigment biliaire.

3. **Pigment biliaire.** — On rencontre fréquemment le pigment biliaire dissous dans l'urine, soit sous forme de bilirubine, soit sous forme de dérivé oxydé de celle-ci. Nous avons indiqué ailleurs la méthode d'extraction de ces corps; nous nous bornerons pour le moment à l'étude des réactions qui permettent de déceler leur présence dans l'urine.

La couleur de l'urine peut déjà fournir des renseignements sur la présence ou l'absence de pigment biliaire; l'urine ictérique présente une coloration jaune verdâtre, parfois même brunâtre; l'écume en est jaune.

1° *Réaction de Gmelin.* — On verse, dans un tube à essai, 5 c. c. environ d'acide nitrique chargé de vapeurs nitreuses; puis, le tube étant fortement incliné, on ajoute, en versant le long de la paroi, une quantité égale d'urine suspecte. En présence de pigment biliaire, il se forme, à la surface de contact des deux liquides, une série d'anneaux colorés en jaune, vert, bleu, violet, rouge, jaune pâle, parmi lesquels l'anneau vert est caractéristique.

Jolles a établi récemment la sensibilité de cette réaction; celle-ci s'est montrée insuffisante (limite inférieure de sensibilité 5 °/₀); aussi sera-t-il prudent d'avoir recours soit à l'une des nombreuses modifications apportées à la technique de cette réaction, soit surtout à d'autres agents.

Modification de Rosenbach. — On filtre l'urine, et sur la paroi interne du filtre on verse quelques gouttes d'acide nitrique chargé de vapeurs nitreuses. La sensibilité de ce procédé ne dépasse guère celle de la réaction de Gmelin.

2° *Réaction de Rosin.* — On verse dans un tube à essai quelques centimètres cubes d'urine, puis on ajoute prudemment, le tube étant très incliné, quelques centimètres cubes de teinture d'iode très diluée, de telle façon que les liquides se superposent sans se mélanger. Il se produit après une minute, ou parfois même immédiatement, un anneau vert pré au point de contact des deux liquides.

3° *Réaction de Jolles.* — On ajoute à 50 c. c. d'urine quelques gouttes d'acide chlorhydrique à 10 °/₀, un excès de chlorure de baryum et 5 c. c. de chloroforme, et l'on agite fortement le mélange pendant quelques minutes. On laisse alors reposer pendant une dizaine de minutes pour permettre au précipité et au chloroforme de gagner le fond du vase. On récolte le chloroforme et le précipité à l'aide d'une pipette, et on les recueille dans un tube à essai que l'on porte au bain-marie, chauffé à 80° environ. Cinq minutes de séjour suffisent à chasser le chloroforme; on laisse refroidir pendant quelques minutes, le précipité gagne le fond du vase et se sépare facilement des petites portions d'urine entraînées.

On laisse couler le long de la paroi du tube 3 ou 4 gouttes d'acide nitrique chargé de vapeurs nitreuses, et bientôt apparaissent les anneaux de couleur de la réaction de Gmelin, principalement le vert et le bleu (sensibilité 0.1 °/₀).

4. Acide diacétique. — On ajoute à l'urine fraîche du perchlorure de fer, jusqu'au moment où le précipité n'augmente plus. On filtre et l'on ajoute quelques gouttes de perchlorure de fer au filtratum. Ce réactif se colore en rouge-bordeaux en présence d'acide diacétique. *Recherche de l'acide diacétique.*

Cette coloration disparaît par la chaleur, ce qui permet de différencier cette réaction de la réaction analogue de l'antipyrine, etc.

5. Alcaptone (acide homogentisinique). — On rencontre rarement, il est vrai, l'alcaptone. Il colore les urines, au contact de l'air, en jaune de plus en plus foncé, virant vers le noir. *Recherche de l'alcaptone.*

Extraction de l'alcaptone. — On concentre, au dixième de son volume, l'urine au bain-marie, après l'avoir acidifiée de 250 c. c. d'acide sulfurique à 12 °/₀. On laisse refroidir, puis on extrait à deux ou trois reprises avec deux ou trois volumes d'éther.

On réunit les différents extraits éthérés, on les abandonne à l'air et l'on obtient, après plusieurs jours, un liquide à odeur aromatique, qui parfois se prend en cristaux. On dissout ce résidu dans environ 200 c. c. d'eau distillée bouillante, on ajoute une quantité suffisante d'acétate neutre de plomb, on porte à l'ébullition, on filtre la liqueur bouillante et l'on recueille le filtratum dans un cristallisoir à grande surface.

Le liquide limpide ne tarde pas à se troubler et si on l'examine à la lumière réfléchie, on y voit flotter de nombreuses paillettes cristallines.

On reprend ces cristaux après vingt-quatre heures, on fait passer un courant d'hydrogène sulfuré, on filtre et on évapore au bain-marie.

Caractère de l'alcaptone. — Cette substance cristallise en gros prismes courts, incolores; ils fondent à 146°.5-147° en un liquide jaune brunâtre.

Ce corps se dissout dans l'eau, dans l'alcool, dans l'éther; il est insoluble dans le chloroforme, le benzol et le toluol.

La solution aqueuse se colore en jaune, puis en brun au contact de l'air; l'addition d'alcalis fait jaunir la solution d'une façon immédiate.

Ces solutions réduisent instantanément le nitrate d'argent ammoniacal ainsi que la liqueur de Fehling.

Le perchlorure de fer, en solution très étendue, produit une coloration bleu verdâtre très fugace.

Le réactif de Millon détermine une coloration jaune et un précipité amorphe, qui rougit par la chaleur.

§ 6. — Recherche de différentes substances médicamenteuses.

1. Recherche de l'iode. — On ajoute à 5 c. c. d'urine, 1 c. c. d'acide sulfurique à 25 %, 1 à 3 gouttes d'une solution de nitrite de soude à 2 %. On recueille l'iode qui se libère dans quelques gouttes de chloroforme, qu'il colore en rouge brunâtre.

Recherche de l'iode.

2. Recherche du plomb. — Méthode de Lehmann. — On oxyde les substances organiques, à l'aide de chlorate de potasse et d'acide chlorhydrique; on évapore à siccité; puis on dissout le résidu dans une notable quantité d'eau. On fait barboter un courant d'hydrogène sulfuré, qui précipite le plomb à l'état de sulfure. On récolte le précipité, on le dissout dans un peu d'acide nitrique dilué et l'on soumet aux diverses réactions du plomb.

Recherche du plomb.

3. Recherche du mercure. — Méthode de Winternitz. — On acidule, à l'aide d'acide chlorhydrique (0.1 vol.), environ 500 c. c. d'urine; on chauffe, pendant quelque temps, au bain-marie en présence d'un fin réseau de cuivre métallique. On lave ce dernier à l'aide d'une solution très diluée de soude caustique pour chasser toutes les matières organiques.

Recherche du mercure.

On porte alors le métal amalgamé et séché dans un tube de verre à parois épaisses, fermé à un bout et étiré en pointe fine à l'autre bout; puis on chauffe sur un bec de gaz ordinaire; il se dégage de la vapeur d'eau, qui se condense et fait dans la partie capillaire du tube l'office d'un bouchon retenant le mercure qui distille à son tour.

On casse alors la portion capillaire du tube, on y introduit une trace d'iode et l'on observe à la loupe la formation d'un cristal d'iodure de mercure.

Recherche de l'acide salicylique.

4. **Acide salicylique.** — L'acide salicylique et ses sels prennent, en présence de perchlorure de fer, une coloration violette intense ; en présence de sulfate de cuivre, une couleur vert-émeraude.

L'addition d'un autre acide libre (acide chlorhydrique, acide acétique) fait disparaître ces teintes.

Ces réactions sont insuffisantes néanmoins pour déceler sans préparation la présence de cet acide dans l'urine.

On extrait l'acide en agitant, à plusieurs reprises, l'urine avec de l'éther, on récolte l'éther, on l'évapore, et l'on soumet le résidu aux réactions indiquées.

Il vaut mieux, suivant Piccard, évaporer l'urine, faire un extrait alcoolique du résidu, évaporer l'alcool, et reprendre ce nouveau résidu acidifié par l'éther, qui dissout l'acide salicylique, ainsi que l'acide salicylurique.

Recherche de la rhubarbe, etc.

5. **Rhubarbe, séné, santonine.** — L'usage de l'une ou l'autre de ces substances médicamenteuses altère la couleur de l'urine.

Celle-ci prend un aspect analogue à celui d'une urine ictérique ; elle est jaune, ou jaune verdâtre, et couronnée d'une écume jaune. Cette coloration est due à la présence d'acide chrysophannique, ou bien à une matière colorante peu déterminée (santonine). L'usage externe de la chrysarobine fait aussi passer de l'acide chrysophannique dans l'urine et confère à ce liquide les mêmes caractères.

Les alcalis colorent ces urines en rouge ; cette coloration disparaît en présence d'acide acétique.

On peut, selon I. Munk, différencier l'acide chrysophannique du pigment de la santonine.

L'urine renfermant de l'acide chrysophannique se colore instantanément en rouge en présence de carbonates alcalins.

Cette coloration est stable et perdure; l'urine qui renferme le pigment de la santonine ne se colore, dans les mêmes conditions, que lentement et d'une façon peu prononcée; cette coloration est fugitive et disparaît après vingt-quatre à quarante-huit heures.

D'après Penzoldt, l'urine renfermant de l'acide chrysophannique cède cet acide à l'éther et le colore en jaune.

L'éther ainsi coloré prend, par addition de soude caustique, une coloration rouge; par contre, l'urine renfermant de la santonine ne colore pas l'éther, et celui-ci n'est point coloré en rouge par l'addition de soude caustique.

6. Antifébrine, antipyrine :

Recherche de l'antifébrine et de l'antipyrine.

a) *Antifébrine.* — Cette substance ne s'élimine pas sous cette forme, mais sous forme d'acides sulfoconjugués (acide para-amidophénolglycuronique, ou acide acétylpara-amidophénol-glycuronique).

Les urines qui renferment ces dérivés de l'antifébrine sont lévogyres (acide glycuronique) et réduisent les liqueurs cupro-alcalines.

Pour déceler la présence de ces dérivés dans l'urine, on met en liberté le para-amidophénol et on le caractérise : on fait bouillir l'urine pendant quelques minutes avec le quart de son volume d'acide chlorhydrique; puis on alcalinise faiblement et l'on extrait à plusieurs reprises par l'éther; ou bien on agit directement sur l'urine.

On caractérise le para-amidophénol par la réaction suivante : après refroidissement, on ajoute à quelques centimètres cubes d'urine, quelques centimètres cubes d'une solution à 3 % d'acide phénique, puis un peu d'acide chromique ou de perchlorure de fer en solution très diluée. La liqueur se colore en rouge, puis passe à un beau bleu, quand on la sature d'ammoniaque.

b) *Antipyrine.* — L'urine qui renferme de l'antipyrine prend, par addition de perchlorure de fer, une coloration brun-rouge qui résiste à l'ébullition, mais disparaît par addition d'acides.

Pour isoler l'antipyrine, on sature l'urine à l'aide d'éther de pétrole, puis à l'aide d'ammoniaque, et on agite ce mélange avec du chloroforme, du benzol ou de l'alcool amylique. On évapore le dissolvant et l'on caractérise le résidu par les réactions suivantes :

α) Une solution neutre d'antipyrine se colore en rouge-brun intense en présence de perchlorure de fer.

β) L'acide nitrique chargé de vapeurs nitreuses colore une solution d'antipyrine en un beau vert.

Recherche des alcaloïdes.

7. Alcaloïdes. — Un grand nombre d'alcaloïdes passent comme tels dans l'urine et peuvent y être décelés par des méthodes qui varient suivant la nature de l'alcaloïde. La morphine présente, à ce point de vue, une grande importance, et l'analyse chimique de l'urine peut servir à asseoir définitivement un diagnostic douteux ou difficile à faire.

Méthode d'extraction de Dragendorff et Kauzmann. — On concentre au quart la totalité de l'urine, on reprend le résidu par trois ou quatre volumes d'alcool aiguisé d'acide sulfurique, et on laisse macérer pendant vingt-quatre heures. On chasse l'alcool de la solution filtrée, on laisse refroidir, puis on filtre à travers un filtre mouillé et l'on épuise la liqueur acide par l'alcool amylique, jusqu'à ce que plus rien ne se dissolve.

On neutralise alors par l'ammoniaque la solution alcoolique chaude et l'on agite vigoureusement, pendant quelque temps. On sépare l'alcool dans un entonnoir à robinet; on fait un second extrait. On réunit ces extraits, on les lave à l'eau distillée, puis on les abandonne à l'évaporation. On épuise le résidu, à plusieurs reprises, par de l'eau acidulée chaude (1 partie d'acide sulfurique pour 60 à 70 parties d'eau); on filtre ces extraits, on les réunit, on les neutralise avec de l'ammoniaque et l'on agite la solution alcaline avec de l'alcool amylique. On décante l'alcool, on l'évapore, on reprend le résidu dans une petite quantité d'alcool éthylique fort et l'on abandonne à cristallisation.

Caractères de la morphine. — a) *Forme cristalline.* — L'alcaloïde cristallise en prismes tronqués à bords bien nets (prismes rhombiques courts), s'agglomérant parfois en amas étoilés.

La morphine se dissout peu dans l'eau froide, un peu mieux dans l'eau bouillante; elle se dissout peu dans l'alcool, presque pas dans l'éther, dans la benzine, le chloroforme. Elle se dissout bien dans l'alcool amylique, surtout à chaud.

b) **Réaction de Fröhde.** — La morphine se colore en violet, puis en bleu et finalement en vert sale, en présence d'une solution fraîche de molybdate d'ammoniaque dans l'acide sulfurique concentré. La solution doit renfermer 0gr.1 de molybdate par centimètre cube d'acide sulfurique.

On dépose quelques gouttes du réactif frais sur une plaque de porcelaine, on y ajoute un petit cristal de morphine que l'on écrase à l'aide d'une baguette de verre. On obtient une coloration violette qui passe peu à peu au vert. La conservation ou l'agitation de ce mélange lui communique une teinte bleu foncé.

c) **Réaction de Husemann.** — L'acide nitrique dilué colore en bleu-violet et puis en rouge-sang les solutions sulfuriques de morphine chauffées au préalable à 150°.

On dépose quelques gouttes de la solution sulfurique de morphine sur une plaque de porcelaine, on y ajoute une trace de salpêtre; la solution prend immédiatement une couleur violette qui passe rapidement au rouge-sang.

d) **Réaction du perchlorure de fer.** — Le perchlorure de fer colore en bleu foncé les solutions neutres et *concentrées* de morphine. Les acides libres empêchent la réaction; un excès de perchlorure en diminue la sensibilité.

Recherche des ptomaïnes.

8. **Ptomaïnes.** — *Méthode d'extraction de Griffiths.* — On alcalinise l'urine à l'aide de carbonate de soude, puis on l'agite, avec la moitié de son volume d'éther sulfurique, dans un entonnoir à robinet. On sépare les deux liquides; on agite l'extrait éthéré avec une solution aqueuse d'acide tartrique. On filtre celle-ci, puis on l'alcalinise à l'aide de carbonate de soude, et l'on agite de nouveau avec une quantité égale d'éther sulfurique. On récolte cet extrait éthéré que l'on abandonne à l'évaporation. Les ptomaïnes restent comme résidu cristallin.

Caractères. — Les ptomaïnes sont de nature encore indéterminée; elles présentent, d'une manière générale, la plupart des réactions des alcaloïdes.

Griffiths en a décrit un certain nombre et établi leur formule brute. Ce sont :

La ptomaïne de la diphtérie;

— de la scarlatine;

— de la rougeole.

Elles précipitent par les acides phosphotungstique et phosphomolybdique en solution sulfurique;

Elles colorent d'une façon variable le réactif de Fröhde;

Elles forment avec le chlorure d'or et de platine, avec le chlorure mercurique des combinaisons cristallines.

9. **Les diamines.** — Baumann et Udranszky ont reconnu l'existence, dans des cas particuliers (cystinurie), de corps très toxiques et très voisins des alcaloïdes. Ils ont donné à ces corps le nom de diamines. Les principales sont la cadavérine et la putrescine. Recherche des diamines.

Extraction. — On agite la quantité d'urine des vingt-quatre heures, avec 200 c. c. de soude caustique à 10 % et 20 à 30 c. c. de chlorure de benzoïle, jusqu'au moment où l'odeur du chlorure de benzoïle a disparu.

Il se forme, dans ces conditions, un précipité de phosphates, de composés du benzoïle et des diamines, que l'on récolte et que l'on fait digérer dans de l'alcool.

On filtre, on réduit le filtratum à un petit volume et on le verse dans une grande masse d'eau distillée froide.

Les diamines se précipitent sous forme de composés benzoïques cristallins. On laisse reposer pendant quelques jours, puis on filtre et on lave le précipité sur le filtre.

Cadavérine. La *cadavérine* : pentaméthylènediamine, $H_2N(CH_2)_5NH_2$, forme, avec le chlorure de benzoïle, une combinaison cristalline $C_5H_{10}(NH - CO - C_6H_5)_2$. Elle cristallise en longues aiguilles, très solubles dans l'alcool, insolubles dans l'eau, dans l'éther. L'acide sulfurique concentré la dissout sans l'altérer. Elle fond à 129°-130°.

Putrescine. La *putrescine* : tétraméthylènediamine, $H_2N(CH_2)_4NH_2$, forme, avec le chlorure de benzoïle, une combinaison qui cristallise en plaques brillantes, insolubles dans l'eau, dans l'éther, presque insolubles dans l'alcool froid, solubles dans l'alcool chaud. Elle fond à 175°-176°.

§ 7. — Analyse des calculs urinaires.

Analyse des calculs urinaires. L'examen macroscopique des calculs, leur couleur, leur dureté, leur densité, peuvent fournir des indications sur la nature des éléments qui les constituent.

On connaît les variétés suivantes de calculs :

1° Calculs de xanthine (rares), brun-cannelle, modérément durs; ils acquièrent, par frottement, un aspect cireux.

2° Calculs de cystine (rares), blancs ou jaunes; ils possèdent un aspect cristallin.

3° Calculs mûriformes, formés d'oxalate de chaux; ils présentent l'aspect d'une mûre; ils sont généralement blancs, parfois brunâtres (hématine), durs.

4° Calculs d'urates, brun rougeâtre, très durs; ils renferment souvent de l'acide urique pur.

5° Calculs de phosphates; ils sont durs, blancs et se clivent facilement quand ils sont formés d'un phosphate cristallisant (phosphate de chaux); blancs et mous quand ils sont formés de phosphates de magnésie ou d'ammoniaque.

6° Calculs complexes, dans la constitution desquels il entre différents corps.

Marche à suivre dans l'analyse.

Si le calcul est petit, il faut le pulvériser et analyser la poudre obtenue; s'il est gros, il vaut mieux le scier par son milieu, récolter les sciures pour en faire l'analyse et conserver les fragments, pour déterminer le mode de formation de la concrétion.

On fait deux parts inégales de la poudre de calcul.

Épreuve de la calcination. — On brûle prudemment la moins importante de ces deux parts, sur une lame de platine. On observe les caractères de la combustion et la nature des gaz qui se dégagent. Si la poudre brûle, elle est formée de matières organiques; si elle brûle incomplètement, elle est formée d'un mélange de matières organiques et inorganiques. Épreuve de la calcination.

Action de l'acide chlorhydrique. — La plus grande partie de la poudre de calcul est réservée à l'étude détaillée des réactions; le réactif de choix est l'acide chlorhydrique. Action de l'acide chlorhydrique.

On chauffe la poudre avec un excès d'acide chlorhydrique dilué. Ce qui ne se dissout pas peut être de l'acide urique.

1. Recherche de l'acide urique. — On sépare par filtration la Acide urique.

partie insoluble dans l'acide chlorhydrique; on en calcine une portion et l'on recherche l'odeur d'acide cyanhydrique; l'autre portion est réservée à la réaction de murexide. (Voir chapitre VIII, p. 154.)

Dans le filtratum passent la xanthine, la cystine, l'oxalate de chaux, les sulfates et les phosphates.

Sulfates. **2. Recherche des sulfates.** — On décèle les sulfates par l'addition d'une goutte de solution de chlorure de baryum; en présence de ces sels, il se forme un fin précipité insoluble dans l'acide chlorhydrique.

Xanthine. **3. Recherche de la xanthine.** — 1° On ajoute, à une portion du filtratum, un excès d'ammoniaque; on filtre, et on ajoute à ce nouveau filtratum quelques gouttes de nitrate d'argent ammoniacal; il se forme un précipité gélatineux qui se dissout faiblement dans l'ammoniaque.

2° Réaction de Weidel. (Voir chapitre VIII, p. 160.)

Cystine. **4. Recherche de la cystine.** — On alcalinise une portion de la solution chlorhydrique de poudre de calcul, à l'aide de carbonate de soude; le précipité qui se forme renferme, outre la cystine, les phosphates alcalins terreux et l'oxalate de calcium.

On reprend le précipité par l'ammoniaque qui dissout la cystine et l'on filtre. On précipite la cystine soit par l'addition d'acide acétique, soit par évaporation.

Elle cristallise en tables hexagonales, parfois en formes prismatiques; elle renferme du soufre.

Réactions. — 1° On chauffe de la cystine, avec de la soude caustique, sur une pièce d'argent décapée; il se forme une tache brun noirâtre persistante de sulfure d'argent.

2° On chauffe de la cystine avec de l'acide nitrique; elle se dissout et laisse à l'évaporation un résidu brun rougeâtre qui ne donne pas la réaction de murexide.

3° La forme cristalline.

Le résidu insoluble dans l'ammoniaque servira à la recherche des phosphates et des oxalates.

5. — On reprend le résidu insoluble dans l'ammoniaque, on acidifie par l'acide acétique; celui-ci dissout les phosphates et reste sans action sur l'oxalate. On reprend par l'acide chlorhydrique dilué le résidu insoluble dans l'acide acétique. Phosphates.

On alcalinise la solution acétique par l'ammoniaque; les phosphates alcalino-terreux se précipitent.

6. — La solution chlorhydrique, traitée par l'oxalate de soude, précipite l'oxalate de chaux, reconnaissable à sa forme cristalline (octaèdre à base carrée). Oxalates.

Tableau de l'analyse des calculs urinaires.

		Réactions	Substance
Poudre de calcul + acide chlorhydrique	Ne se dissout pas	Brûle sans flamme et dégage une odeur d'acide cyanhydrique. Réaction de murexide.	Acide urique.
	Se dissout	La poudre brûle sans flamme. Pas de réaction de murexide. — Réaction de Weidel.	Xanthine.
		La poudre brûle avec une petite flamme bleue et dégage de l'acide sulfureux. Se dissout dans l'ammoniaque et cristallise en tables hexagonales.	Cystine.
		Brûle. Précipite par l'acétate de soude, en octaèdres d'oxalate de chaux. Insoluble dans l'acide acétique.	Oxalates.
		Ne brûle pas. Précipite par le chlorure de baryum.	Sulfates.
		Ne brûle pas. Précipite si l'on neutralise la solution chlorhydrique par l'ammoniaque.	Phosphates alcalino-terreux.
		La dissolution se fait avec effervescence.	Carbonates.

CHAPITRE X.

TRANSSUDATS.

Il existe toujours une certaine analogie de composition entre les transsudats et le sérum sanguin, dont ils proviennent ; et cependant, chaque transsudat possède, dans son essence, un cachet spécial, que lui communique l'activité propre des cellules de l'organe où se fait l'épanchement.

Le liquide de l'ascite est légèrement différent de la sérosité de l'hydrocèle, etc., et cependant ils ont entre eux l'analogie d'une composition très voisine.

Ce sont en général des liquides ; parfois, ils ont une consistance assez prononcée et possèdent, comme c'est souvent le cas pour les liquides kystiques de l'ovaire, une consistance visqueuse.

Parfois ils sont limpides ; le plus souvent ils sont louches et possèdent une fluorescence blanchâtre, due à la suspension de fines particules solides.

Leur densité oscille entre 1005 et 1060, c'est-à-dire dans des limites très étendues ; leur réaction est alcaline.

On recherche dans les transsudats l'existence des différentes variétés de substances albuminoïdes, dont la présence et la nature ont souvent une grande valeur pour le diagnostic (pseudomucine) ; on y recherche les graisses et enfin le sucre, l'urée, etc.

§ 1. — Recherche des substances albuminoïdes.

A. Recherche des substances albuminoïdes non dissoutes.

Lorsque le transsudat ou l'exsudat ne sont point limpides, il convient de les filtrer; les parties solides restent sur le filtre, tandis que les albumines dissoutes passent dans le filtratum.

On lave les matières retenues sur le filtre à l'eau, à l'alcool, puis à l'éther et l'on en détermine la nature.

Fibrine. **Recherche de la fibrine.** — En général, la fibrine se sépare facilement par simple filtration. Pour la caractériser, on la soumet aux différents essais décrits ailleurs. (Voir chapitre V, p. 100.)

B. Recherche des substances albuminoïdes dissoutes.

Mucine. **1. Recherche de la mucine.** — On acidule, à l'aide d'acide acétique, 20 c. c. environ de transsudat; la mucine se précipite sous forme floconneuse, insoluble dans un excès de réactif.

La nucléo-albumine précipite de même, dans les mêmes conditions.

On récolte le précipité sur un filtre, on lave à l'eau acidulée et l'on redissout le précipité dans l'eau; la pseudomucine passe dans le filtratum.

1° La mucine, bouillie pendant quelques minutes avec de l'acide chorhydrique à 5 %, puis alcalinisée, réduit le sulfate de cuivre à l'état d'oxydule (gomme animale).

La nucléo-albumine ne possède pas cette propriété.

2° La nucléo-albumine renferme du phosphore ; la mucine n'en renferme pas.

Pour rechercher la présence du phosphore, on mélange intimement la substance à analyser avec du carbonate et du nitrate de soude purs et secs ; puis on incinère prudemment cette masse jusqu'à complète disparition du charbon. On laisse refroidir, puis on reprend le résidu par l'eau additionnée d'acide nitrique.

L'addition de quelques gouttes d'une solution de molybdate d'ammoniaque dans l'acide nitrique détermine la formation d'un précipité jaune. Ce précipité n'apparaît que lentement à froid ; la chaleur en facilite la production.

2. Recherche de la pseudomucine. — On s'assure que l'addition d'une goutte d'acide acétique à un échantillon d'essai du filtratum, n'y détermine plus la formation d'un précipité. On ajoute alors au filtratum trois volumes d'alcool (95°), on filtre, on lave le précipité sur le filtre, à l'alcool, à l'éther ; puis on le reprend par l'eau distillée. Pseudomucine.

1° La chaleur ne coagule pas la pseudomucine.

2° L'addition d'acide acétique y détermine un trouble vague, mais ne précipite pas la pseudomucine.

3° Bouillie avec de l'acide chlorhydrique et ensuite neutralisée par un excès de soude caustique, elle réduit le sulfate de cuivre à l'état d'oxydule de cuivre (réaction de Trommer).

3. Recherche de la globuline. — On mesure 20 c. c. du transsudat limpide, puis on sature la liqueur au moyen de cristaux de sulfate de magnésie. Globuline.

On filtre, on lave le précipité de globuline sur le filtre,

à l'aide d'une solution saturée de sulfate de magnésie; puis on reprend le précipité par l'eau distillée; on élimine par dialyse l'excès de sel; on acidule la solution à l'aide d'une ou deux gouttes d'acide acétique dilué et l'on détermine le point de coagulation de la globuline dissoute.

On chauffe lentement de l'eau distillée dans un verre de Bohême, on y place un tube à essai renfermant 4 ou 5 c. c. de la solution de globuline dans laquelle plonge un thermomètre. On lit sur l'échelle du thermomètre la température à laquelle la globuline commence à se troubler, c'est-à-dire la température à laquelle la globuline se coagule.

La myosine et le fibrinogène se coagulent à 55°-56°.

La sérum-globuline se coagule à 72°-75°.

Albumine.

4. **Recherche de l'albumine.** — On acidifie à l'aide d'acide acétique le filtratum saturé de sulfate de magnésie, puis on soumet la solution à une dialyse énergique, et l'on chauffe en observant la température de coagulation; l'albumine se coagule à 60° et se prend en flocons vers 72°-75°.

Il faut noter que la richesse des solutions en sels relève en général le point de coagulation.

Albumoses et peptones.

5. **Recherche des albumoses et des peptones.** — On procède en suivant la marche décrite plus haut (chap. IX, p. 193), on sature le filtratum à l'aide de cristaux de sulfate d'ammoniaque; on filtre, on lave le précipité sur le filtre à l'aide d'une solution saturée de sulfate d'ammoniaque, puis d'alcool et d'éther; on reprend par l'eau, et l'on caractérise les albumoses ainsi qu'il est dit plus haut.

Les peptones passent dans le filtratum; on les décèle facilement.

§ 2. — Recherche des graisses.

Extraction des graisses. — On alcalinise faiblement, à l'aide de soude caustique, 50 c. c. de transsudat et on agite à plusieurs reprises avec de l'éther dans un entonnoir à robinet. On réunit les différents extraits ; on évapore la solution éthérée à température basse. Dans cet extrait se trouvent les graisses, la cholestérine, la lécithine.

Caractères des graisses. (Voir chapitres V et VII.) Graisses.

Recherches de la cholestérine. — On extrait le résidu de l'évaporation par une solution alcoolique de soude caustique bouillante ; on filtre et on évapore. On reprend le résidu dans l'alcool absolu bouillant, on filtre et on abandonne à cristallisation. (Voir chapitre IV, p. 82.) Cholestérine.

Recherche de la lécithine. — On reprend par l'alcool une portion du résidu de l'extrait éthéré ; on filtre, on évapore l'alcool. On mélange le résidu de cette évaporation avec du nitrate de soude et du carbonate de soude, et l'on fond cette masse, jusqu'à disparition du charbon. On reprend par l'eau chaude acidulée d'acide nitrique, et l'on recherche dans cette solution la présence du phosphore, au moyen du molybdate d'ammoniaque. Lécithine.

La formation d'un précipité de phosphomolybdate d'ammoniaque renseigne sur la présence de lécithine.

Recherche du sucre. (Voir chapitres VI et IX.) Sucre.

Recherche de l'urée. (Voir chapitres VI et VIII.) Urée.

Créatine.

Recherche de la créatine. — On coagule l'albumine par ébullition ; on filtre ; on ajoute au filtratum de l'acétate de plomb, en évitant l'excès de sel ; on filtre ; on élimine le plomb par un courant d'hydrogène sulfuré, et l'on évapore la solution à une température inférieure à 50°.

Lorsque cette solution est suffisamment concentrée, on la porte dans un endroit frais, et l'on abandonne pendant sept à huit jours à cristallisation.

La créatine cristallise en prismes rhombiques durs ; elle répond à la formule $C_4H_7N_3O_2 + H_2O$; elle perd facilement son eau de cristallisation. Elle se dissout dans l'eau chaude, presque pas dans l'alcool, pas du tout dans l'éther.

Chauffée en solution acide, elle perd de l'eau et se transforme en créatinine.

Leucine et tyrosine.

Recherche de la leucine et de la tyrosine. (Voir chapitre IV.)

Allantoïne.

Recherche de l'allantoïne. — On débarrasse le liquide à analyser de l'albumine qu'il renferme, par ébullition en présence d'acide acétique.

On filtre ; on précipite par le nitrate mercurique, on retient le précipité sur un filtre, on lave à l'eau. On suspend le précipité lavé dans l'eau, on élimine le mercure par un courant d'hydrogène sulfuré, on filtre.

On réduit au bain-marie à un petit volume, puis on abandonne à cristallisation.

On caractérise l'allantoïde par sa combinaison avec l'argent : on alcalinise la solution à l'aide d'ammoniaque, puis on précipite l'allantoïde par le nitrate d'argent ammoniacal. Cette combinaison renferme 40.75 °/₀ d'argent.

ANNEXES.

TABLEAU N° 1.

Proportions de soude anhydre et d'hydrate de soude dissoutes d'après leur densité.

(Gerlach et Schiff, extrait du *Chemiker Kalender.*)

QUANTITÉS sur 100 parties de la solution.	DENSITÉ A + 15°.		QUANTITÉS sur 100 parties de la solution.	DENSITÉ A + 15°.	
	Soude anhydre.	Hydrate de soude.		Soude anhydre.	Hydrate de soude.
1	1.015	1.012	31	1.438	1.343
2	1.020	1.023	32	1.450	1.351
3	1.043	1.035	33	1.462	1.363
4	1.058	1.046	34	1.475	1.374
5	1.074	1.059	35	1.488	1.38
6	1.089	1.070	36	1.500	1.395
7	1.104	1.081	37	1.515	1.405
8	1.119	1.092	38	1 530	1.415
9	1.132	1.103	39	1 543	1.426
10	1.145	1.115	40	1.558	1.437
11	1.160	1.126	41	1.570	1.447
12	1.175	1.137	42	1.583	1.456
13	1.190	1.148	43	1.597	1.468
14	1.203	1.159	44	1.610	1.478
15	1.219	1.170	45	1.623	1.488
16	1.233	1.181	46	1.637	1.499
17	1.245	1.192	47	1.650	1.508
18	1.258	1.202	48	1.663	1.519
19	1.270	1.213	49	1.678	1.529
20	1.285	1.225	50	1.690	1.540
21	1.300	1.236	51	1.705	1.550
22	1.315	1.247	52	1.719	1.560
23	1.329	1.258	53	1.730	1.570
24	1 341	1.269	54	1.745	1.580
25	1.355	1.279	55	1.760	1.591
26	1.369	1.290	56	1.770	1.601
27	1.381	1.300	57	1.785	1.611
28	1.395	1.310	58	1.800	1.622
29	1.410	1.321	59	1.815	1.633
30	1.422	1.332	60	1.830	1.643

TABLEAU N° 2.

Quantité d'acide sulfurique par rapport à la densité, à + 15°.

(Kolb, extrait du *Chemiker Kalender.*)

Degré Baumé.	Poids spécifique.	100 parties en poids renferment				1 litre renferme au kilogramme			
		SO^3 %	H^2SO^4 %	acide à 60° B.	acide à 53° B.	SO^3	H^2SO^4	acide à 60° B.	acide à 53° B.
0	1.000	0.7	0.9	1.2	1.3	0.007	0.009	0.012	0.013
1	1.007	1.5	1.9	2.4	2.8	0 015	0.019	0.024	0.028
2	1.014	2.3	2.8	3.6	4.2	0.023	0.028	0.036	0.042
3	1.022	3.1	3.8	4.9	5.7	0.032	0.039	0.050	0.058
4	1.029	3.9	4.8	6.1	7.2	0.040	0.049	0.063	0 074
5	1.037	4.7	5.8	7.4	8.7	0.049	0.060	0.077	0.090
6	1.045	5.6	6.8	8.7	10.2	0.059	0.071	0.091	0.107
7	1.052	6.4	7.8	10.0	11.7	0.067	0.082	0.105	0.123
8	1.060	7.2	8.8	11.3	13.1	0.076	0.093	0.120	0.139
9	1.067	8.0	9.8	12.6	14.6	0.085	0.105	0.134	0.156
10	1.075	8.8	10.8	13.8	16.1	0.095	0.116	0.148	0.173
11	1.083	9.7	11.9	15.2	17.8	0.105	0.129	0.165	0.193
12	1.091	10.6	13.0	16.7	19.4	0.116	0.142	0.182	0.211
13	1.100	11.5	14.1	18.1	21.0	0.126	0.155	0.199	0.231
14	1.108	12.4	15.2	19.5	22.7	0.137	0.168	0.216	0.251
15	1.116	13.2	16.2	20.7	24.2	0.147	0.181	0.231	0.270
16	1.125	14.1	17.3	22.2	25.8	0.159	0.195	0.250	0.290
17	1.134	15.1	18.5	23.7	27.6	0.172	0.210	0.269	0.313
18	1.142	16.0	19.6	25.1	29.2	0.183	0.224	0.287	0.333
19	1.152	17.0	20.8	26.6	31.0	0.196	0.233	0.306	0.357
20	1.162	18.0	22.2	28.4	33.1	0.209	0.258	0.330	0.385
21	1.171	19.0	23.3	29.8	34.8	0.222	0.273	0.349	0.407
22	1.180	20.0	24.5	31.4	36.6	0.236	0.289	0.370	0.432
23	1.190	21.1	25.8	33.0	38.5	0 251	0.307	0.393	0.458
24	1.200	22.1	27.1	34.7	40.5	0.265	0.325	0.416	0.486
25	1.210	23.2	28.4	36.4	42.4	0.281	0.344	0.440	0.513
26	1.220	24.2	29.6	37.9	44.2	0.295	0.361	0.463	0.539
27	1.231	25.3	31.0	39.7	46.3	0.311	0.382	0.489	0.570
28	1.241	26.3	32.2	41.2	48.1	0.326	0.400	0.511	0.597
29	1.252	27.3	33.4	42.8	49.9	0.342	0.418	0.536	0.625
30	1.263	28.3	34.7	44.4	51.8	0.357	0.438	0.561	0.654

Degré Baumé.	POIDS spécifique.	100 parties en poids renferment				1 litre renferme au kilogramme			
		SO^3 %	H^2SO^4 %	acide à 60° B.	acide à 53° B.	SO^3	H^2SO^4	acide à 60° B.	acide à 53° B.
31	1 274	29.4	36.0	46.1	53.7	0.374	0.459	0.587	0.684
32	1.285	30.5	37.4	47.9	55.8	0.392	0.481	0.616	0.717
33	1.297	31.7	38.8	49.7	57.9	0.411	0.503	0.645	0.751
34	1.308	32 8	40.2	51.4	60.0	0.429	0.526	0.674	0.785
35	1.320	33.8	41.6	53.3	62.1	0.447	0.549	0.704	0.820
36	1.332	35.1	43.0	55.1	64.2	0 468	0.573	0.734	0.856
37	1.345	36.2	44.4	56.9	66 3	0.487	0.597	0.765	0 892
38	1.357	37.2	45 5	58.3	67.9	0.505	0 617	0.791	0.921
39	1.370	38.3	46.9	60.0	70 0	0.525	0.642	0.822	0.959
40	1.383	39.5	48 3	61.9	72.1	0.546	0 668	0.856	0.997
41	1.397	40.7	49.8	63.8	74.3	0.569	0.696	0.891	1.038
42	1.410	41 8	51.2	65.6	76.4	0.589	0.722	0.925	1.077
43	1.424	42.9	52.8	67.4	78.5	0.611	0.749	0.960	1.108
44	1.438	44.1	54.0	69.1	80 6	0.634	0.777	0.994	1.159
45	1.453	45.2	55.4	70.9	82.7	0.657	0.805	1.030	1 202
46	1.468	46.4	56.9	72 9	84.9	0.681	0.835	1.070	1.246
47	1 483	47.6	58.3	74.7	87.0	0.706	0.864	1.108	1.290
48	1.498	48.7	59.6	76.3	89.0	0.730	0.893	1.143	1.330
49	1.514	49.8	61.0	78.1	91.0	0.754	0.923	1.182	1.378
50	1.530	51.0	62.5	80.0	93.3	0.780	0.956	1.224	1.427
51	1.540	52.2	64.0	82.0	95.5	0.807	0.990	1 268	1.477
52	1.563	53.5	65.5	83.9	97.8	0.836	1.024	1.311	1.529
53	1.580	54.9	67.0	85.8	100.0	0.867	1.059	1.355	1.580
54	1.597	56.0	68.6	87.8	102.4	0.894	1.095	1.402	1.636
55	1.615	57.4	70.0	89.6	104.5	0.922	1.131	1.447	1.688
56	1.634	58.4	71.6	91.7	106.9	0.954	1.170	1.499	1.747
57	1.652	59.7	73.2	93.7	109.2	0.986	1.210	1.548	1.804
58	1.672	61.0	74.7	95.7	111.5	1.019	1.248	1.599	1.863
59	1.691	62.4	76.4	97.8	114.0	1.055	1.292	1.654	1.928
60	1.711	63.8	78.1	100.0	116.6	1.092	1.336	1.711	1.995
61	1.732	65.2	79.0	102.3	119.2	1.129	1.384	1.772	2.065
62	1.753	66.7	81.7	104 6	121.9	1.169	1.432	1.838	2.137
63	1.774	68.7	84.1	107.7	125.5	1.219	1.492	1.911	2.226
64	1.796	70.6	86.5	110.8	129.1	1.268	1.554	1.990	2.319
65	1.819	73.2	89.7	114.8	133.8	1.332	1.632	2.088	2 434
66	1.842	81.6	100.0	128.0	149.3	1.503	1.842	2.358	2.750

TABLEAU N° 3.

Tension de la vapeur d'eau, calculée en millimètres de mercure, d'après Regnault.

(BUNSEN, *Gasometrische Methoden,* Braunschweig, II. Auflage, p. 357.)

Degré C.	Tension.	Degré C.	Tension.	Degré C.	Tension.	Degré C.	Tension.
o	mm	o	mm	o	mm	o	mm
– 2.0	3.955	+ 1.1	4.975	+ 4.2	6.183	+ 7.3	7.647
1.9	3.985	1.2	5.011	4.3	6.226	7.4	7.699
1.8	4.016	1.3	5.047	4.4	6.270	7.5	7.751
1.7	4.047	1.4	5.082	4.5	6.313	7.6	7.804
1.6	4.078	1.5	5.118	4.6	6.357	7.7	7.857
1.5	4.109	1.6	5.155	4.7	6.401	7.8	7.910
1.4	4.140	1.7	5.191	4.8	6.445	7.9	7.964
1.3	4.171	1.8	5.228	4.9	6.490	8.0	8.017
1.2	4.203	1.9	5.265	5.0	6.534	8.1	8.072
1.1	4.235	2.0	5.302	5.1	6.580	8.2	8.126
1.0	4.267	2.1	5.340	5.2	6.625	8.3	8.181
0.9	4.299	2.2	5.378	5.3	6.671	8.4	8.236
0.8	4.331	2.3	5.416	5.4	6.717	8.5	8.291
0.7	4.364	2.4	5.454	5.5	6.763	8.6	8.347
0.6	4.397	2.5	5.491	5.6	6.810	8.7	8.404
0.5	4.430	2.6	5.530	5.7	6.857	8.8	8.461
0.4	4.463	2.7	5.569	5.8	6.904	8.9	8.517
0.3	4.497	2.8	5.608	5.9	6.951	9.0	8.574
0.2	4.531	2.9	5.647	6.0	6.998	9.1	8.632
0.1	4.565	3.0	5.687	6.1	7.047	9.2	8.690
0.0	4.600	3.1	5.727	6.2	7.095	9.3	8.748
+ 0.1	4.633	3.2	5.767	6.3	7.144	9.4	8.807
0.2	4.667	3.3	5.807	6.4	7.193	9.5	8.865
0.3	4.700	3.4	5.848	6.5	7.242	9.6	8.925
0.4	4.733	3.5	5.889	6.6	7.292	9.7	8.985
0.5	4.767	3.6	5.930	6.7	7.342	9.8	9.045
0.6	4.800	3.7	5.972	6.8	7.392	9.9	9.105
0.7	4.836	3.8	6.014	6.9	7.442	10.0	9.165
0.8	4.871	3.9	6.055	7.0	7.492	10.1	9.227
0.9	4.905	4.0	6.097	7.1	7.544	10.2	9.288
1.0	4.940	4.1	6.140	7.2	7.595	10.3	9.350

Degré C.	Tension.	Degré C.	Tension.	Degré C.	Tension.	Degré C.	Tension.
°	mm	°	mm	°	mm	°	mm
+10.4	9.412	+14.0	11.908	+17.6	14.977	+21.2	18.724
10.5	9.474	14.1	11.986	17.7	15.072	21.3	18.839
10.6	9.537	14.2	12.064	17.8	15.167	21.4	18.954
10.7	9.601	14.3	12.142	17.9	15.262	21.5	19.069
10.8	9.665	14.4	12.220	18.0	15.357	21.6	19.187
10.9	9.728	14.5	12.298	18.1	15.454	21.7	19.305
11.0	9.792	14.6	12.378	18.2	15.552	22.8	19.423
11.1	9.857	14.7	12.458	18.3	15.650	22.9	19.541
11.2	9.923	14.8	12.538	18.4	15.747	23.0	19.659
11.3	9.989	14.9	12.619	18.5	15.845	23.1	19.780
11.4	10.054	15.0	12.699	18.6	15.945	23.2	19.901
11.5	10.120	15.1	12.781	18.7	16.045	21.8	20.022
11.6	10.187	15.2	12.864	18.8	16.145	21.9	20.143
11.7	10.255	15.3	12.947	18.9	16.246	22.0	20.265
11.8	10.322	15.4	13.029	19.0	16.346	22.1	20.389
11.9	10.389	15.5	13.112	19.1	16.449	22.2	20.514
12.0	10.457	15.6	13.497	19.2	16.552	22.3	20.639
12.1	10.526	15.7	13.281	19.3	16.655	22.4	20.763
12.2	10.596	15.8	13.366	19.4	16.758	22.5	20.888
12.3	10.665	15.9	13.451	19.5	16.861	22.6	21.016
12.4	10.734	16.0	13.536	19.6	16.967	22.7	21.144
12.5	10.804	16.1	13.623	19.7	17.073	23.3	21.272
12.6	10.875	16.2	13.710	19.8	17.179	23.4	21.409
12.7	10.947	16.3	13.797	19.9	17.285	23.5	21.528
12.8	11.019	16.4	13.885	20.0	17.391	23.6	21.659
12.9	11.090	16.5	13.972	20.1	17.500	23.7	21.790
13.0	11.162	16.6	14.062	20.2	17.608	23.8	21.921
13.1	11.235	16.7	14.151	20.3	17.717	23.9	22.053
13.2	11.309	16.8	14.241	20.4	17.826	24.0	22.184
13.3	11.383	16.9	14.331	20.5	17.935	24.1	22.319
13.4	11.456	17.0	14.421	20.6	18.047	24.2	22.453
13.5	11.530	17.1	14.513	20.7	18.159	24.3	22.588
13.6	11.605	17.2	14.605	20.8	18.271	24.4	22.723
13.7	11.681	17.3	14.697	20.9	18.383	24.5	22.858
13.8	11.737	17.4	14.790	21.0	18.495	24.6	22.996
13.9	11.832	17.5	14.882	21.1	18.610	24.7	23.135

Degré C.	Tension.	Degré C.	Tension.	Degré C.	Tension.	Degré C.	Tension.
°	mm	°	mm	°	mm	°	mm
+24.8	23.273	+27.4	27.136	+30.0	31.548	+32.6	36.576
24.9	23.411	27.5	27.294	30.1	31.729	32.7	36.783
25.0	23.550	27.6	27.455	30.2	31.911	32.8	36.991
25.1	23.692	27.7	27.617	30.3	32.094	32.9	37 200
25.2	23.834	27.8	27.778	30.4	32.278	33.0	37.410
25.3	23.976	27.9	27.939	30.5	32.463	33.1	37.621
25.4	24.119	28 0	28.101	30.6	32.650	33.2	37.832
25.5	24.261	28.1	28.267	30 7	32.837	33.3	38.045
25.6	24.406	28.2	28.433	30.8	33.026	33.4	38.258
25.7	24.552	28.3	28.599	30.9	33.215	33.5	38.473
25.8	24.697	28.4	28.765	31.0	33.405	33.6	38.689
25.9	24.842	28.5	28.931	31.1	33.596	33.7	38.906
26.0	24.988	28.6	29.101	31.2	33.787	33.8	39.124
26.1	25.138	28.7	29.271	31.3	33.980	33.9	39.344
26.2	25.288	28.8	29.441	31.4	34.174	34.0	39.565
26 3	25.438	28.9	29.612	31.5	34.368	34.1	39.786
26.4	25.588	29.0	29.782	31.6	34.564	34.2	40.007
26.5	25.738	29.1	29.956	31.7	34.761	34.3	40.230
26.6	25.891	29.2	30.131	31.8	34.959	34 4	40.455
26.7	26.045	29.3	30.305	31.9	35.159	34.5	40.680
26.8	26.198	29.4	30.479	32.0	35.359	34.6	40.907
26.9	26.351	29.5	30.654	32.1	35.559	34.7	41.135
27 0	26.505	29.6	30.833	32.2	35.760	34.8	41.364
27.1	26.663	29.7	31.011	32.3	35.962	34.9	41.594
27.2	26.820	29.8	31.190	32.4	36.165	35.0	41.827
27.3	26.978	29.9	31.369	32.5	36.370		

TABLEAU N° 4.

Tableau de la valeur 1 + 0.00367 t°.

De — 2° à + 40°, ainsi que les logarithmes de ces valeurs.

t°	Valeur.	Log.	t°	Valeur.	Log.	t°	Valeur.	Log.
- 2.0	0.99266	9.99681	+12.5	1.04588	0.01948	+26.5	1.09726	0.04031
1.5	0.99449	9.99760	13.0	1.04771	0.02024	27.0	1.09909	0.04103
1.0	0.99633	9.99841	13.5	1.04955	0.02090	27.5	1.10093	0.04176
0.5	0.99816	9.99920	14.0	1.05138	0.02176	28.0	1.10276	0.04248
0.0	1.00000	0.00000	14.5	1.05322	0.02252	28.5	1.10460	0.04321
+ 0.5	1.00184	0.00080	15.0	1.05505	0.02327	29.0	1.10643	0.04392
1.0	1.00367	0.00159	15.5	1.05689	0.02403	29.5	1.10827	0.04466
1.5	1.00551	0.00239	16.0	1.05872	0.02478	30.0	1.11010	0.04536
2.0	1.00734	0.00318	16.5	1.06056	0.02553	30.5	1.11194	0.04608
2.5	1.00918	0.00397	17.0	1.06239	0.02628	31.0	1.11377	0.04679
3.0	1.01101	0.00476	17.5	1.06423	0.02703	31.5	1.11561	0.04751
3.5	1.01285	0.00555	18.0	1.06606	0.02778	32.0	1.11744	0.04822
4.0	1.01468	0.00633	18.5	1.06790	0.02853	32.5	1.11928	0.04894
4.5	1.01652	0.00712	19.0	1.06973	0.02927	33.0	1.12111	0.04965
5.0	1.01835	0.00790	19.5	1.07157	0.03002	33.5	1.12295	0.05036
5.5	1.02019	0.00868	20.0	1.07340	0.03076	34.0	1.12478	0.05107
6.0	1.02202	0.00946	20.5	1.07524	0.03140	34.5	1.12662	0.05178
6.5	1.02386	0.01024	21.0	1.07707	0.03224	35.0	1.12845	0.05248
7.0	1.02569	0.01102	21.5	1.07891	0.03298	35.5	1.13029	0.05319
7.5	1.02753	0.01179	22.0	1.08074	0.03372	36.0	1.13212	0.05389
8.0	1.02936	0.01257	22.5	1.08258	0.03446	36.5	1.13396	0.05459
8.5	1.03120	0.01334	23.0	1.08441	0.03519	37.0	1.13579	0.05530
9.0	1.03303	0.01411	23.5	1.08625	0.03593	37.5	1.13763	0.05600
9.5	1.03487	0.01489	24.0	1.08808	0.03666	38.0	1.13946	0.05670
10.0	1.03670	0.01565	24.5	1.08992	0.03739	38.5	1.14040	0.05706
10.5	1.03854	0.01642	25.0	1.09175	0.03812	39.0	1.14313	0.05810
11.0	1.04037	0.01719	25.5	1.09359	0.03885	39.5	1.14497	0.05879
11.5	1.04221	0.01796	26.0	1.09542	0.03958	40.0	1.14680	0.05949
12.0	1.04404	0.01872						

TABLE SPECTRALE DES PRINCIPAUX PIGMENTS.

---

1. Spectre de l'oxyhémoglobine.

2. Spectre de l'hémoglobine réduite par le sulfhydrate d'ammoniaque; la raie γ est caractéristique.

3. Spectre de la méthémoglobine. Les raies α' et β' correspondent aux raies α et β du spectre de l'oxyhémoglobine.

4. Spectre de l'hématine, en solution dans de l'alcool acidifié. La raie I est caractéristique; elle apparaît seule, quand la solution est trop diluée ou l'éclairage insuffisant.

5. Spectre de l'hématine en solution alcaline.

6. Spectre de l'hématine réduite par le sulfhydrate d'ammoniaque.

7. Spectre de l'urobiline en solution acide.

8. Spectre de l'urobiline en solution ammoniacale.

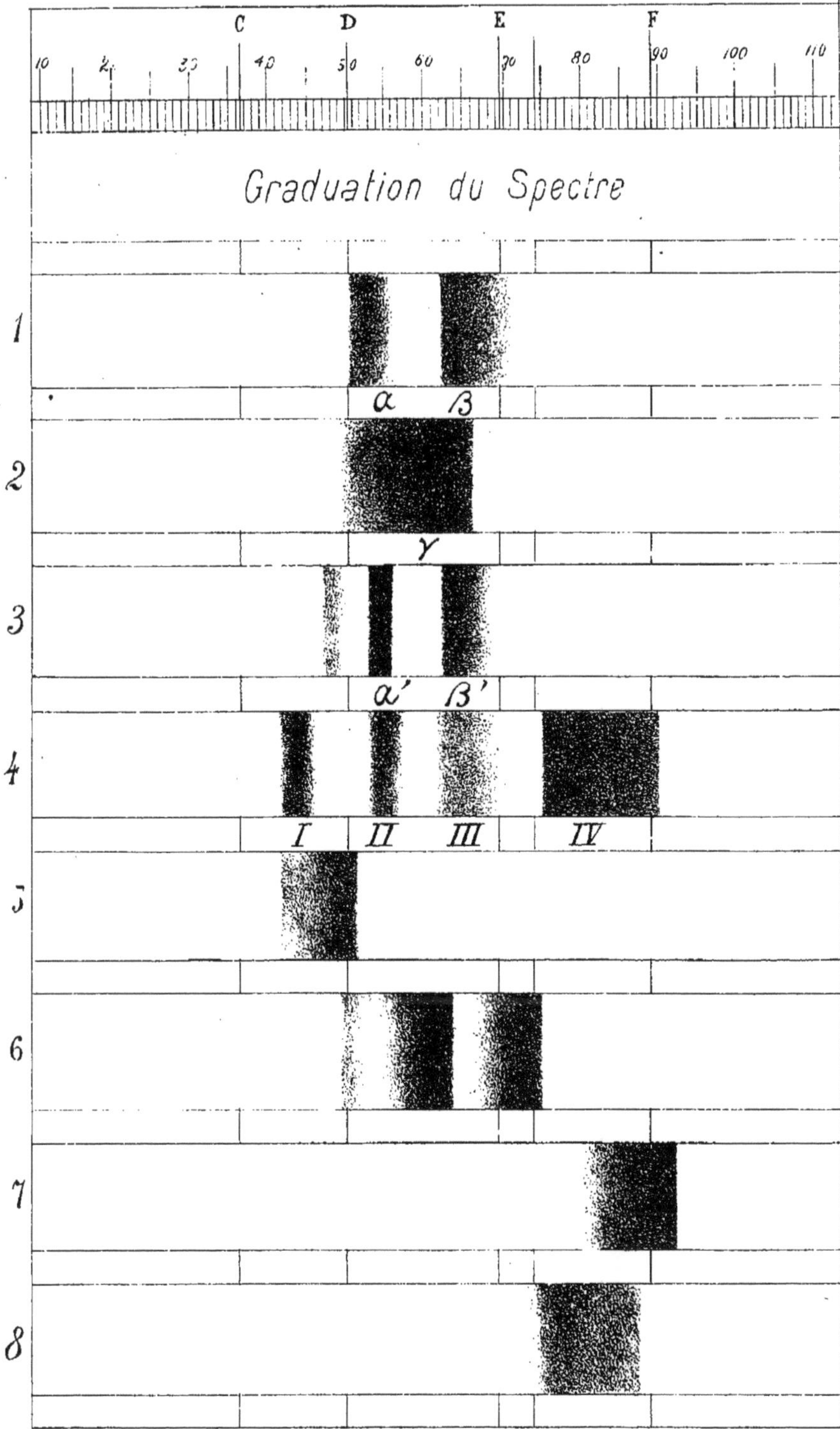
C
D
E
F
10
20
30
40
50
60
70
80
90
100
110
Graduation du Spectre
1
α
β
2
γ
3
α'
β'
4
I
II
III
IV
5
6
7
8

TABLE ALPHABÉTIQUE DES MATIÈRES.

C

D

E

F

G

H

P

R

S

www.ingramcontent.com/pod-product-compliance
Ingram Content Group UK Ltd.
Pitfield, Milton Keynes, MK11 3LW, UK
UKHW022052260726
13993UKWH00001B/63